寻茶续记

楼耀福 著

上海人民出版社

作者和妻子殷慧芬在漳平

罗盛财，高级农艺师

首批国家级非物质文化遗产武夷岩茶制作传承人王顺明

柘荣岭后村的高山白茶

首批国家级武夷岩茶非遗传承人游玉琼和儿子方舟

武夷山茶文化学者、作家黄贤庚

方国强在新安源有机茶右龙基地

————

叶芳养在他的茶园

雨花茶非遗传承人陈盛峰在上海书展《寻茶记》首发式

"厚沃"品牌创始人王兑

徐良松和天心村篮球队员们都是做茶好手

———————

在天心村斗茶赛中获奖的"天心应家"

武夷山竹窠赵汉宏、赵汉福兄弟

东莞藏茶收藏家成秋元

汉中千山茶业总经理王有泉曾经是诗人

———————

漳平水仙非遗传人沈添星

"国裕号"的掌门人林贵英、梅之凌

暨文富在晾青架上推水筛

张天福生前与外孙女王兆琴及外孙女婿

———

与茶友在莆田寻访蔡襄故里

武夷山，采茶下山的茶农

目 录

寻找老君眉

曹雪芹《红楼梦》第四十一回写贾母来到拢翠庵，妙玉请茶，"贾母道：我不吃六安茶。妙玉笑说，知道，这是老君眉。"

一段话道出两种名茶：六安茶和老君眉。

有人曾以贾母此话贬六安茶。其实，六安茶能入大观园让挑剔的妙玉收纳，本就说明了它是绿茶中的佳品。只是贾母要喝的这款"老君眉"，究竟出自哪路？一直以来各有说法。

人民文学出版社 1985 年版的《红楼梦》有注解："老君眉——湖南洞庭湖君山所产的白毫银针茶，精选嫩芽制成，满布毫毛，香气高爽，其味甘醇，形如长眉，故名'老君眉'。"

袁枚《随园食单》记述："洞庭君山出茶，色味与龙井相同，叶微宽而绿过之，采掇最少。方毓川抚军曾惠两瓶，果然佳绝。"这"果然佳绝"四字，足见随园老人对君山茶评价不低。

但它是不是老君眉？我心存疑惑。我曾两度上君山岛，为的就是见识一下君山银针。

2013年，我第一次去，倾向于否定。因为我在岛上看到的君山银针，与绿茶无多大区别。2018年，我再去君山岛，再次细辨，营业员三次拿茶出来。第一次每斤1000多元的，我说这是绿茶，没有经过闷黄发酵。第二次拿出每斤3000多元的，我尝后说，虽然闷黄发酵过，但不够。最后我看到样瓶中有6980元一斤的，看干茶色泽，说这才是黄茶，而且叶芽肥腴，采自老茶树。

闷黄发酵过的君山银针有可能是老君眉吗？我仍将信将疑。

老君眉还有一种说法是武夷岩茶。

武夷岩茶名丛品种繁多。1921年，蒋希召在《蒋叔南游记》中写道："武夷名岩所产之茶，各有其特殊之品"，"名目诡异，据统计全山将达千种"。1942年茶学家林馥泉调查武夷山中的茶叶品种、名丛、单丛，仅慧苑一带就多达830种。

据说在这一千多种名丛名录中，原本是有老君眉的。

我喜欢武夷茶的琳琅满目、风味万千。武夷茶的发酵比黄茶、白茶更透，而且一直尊贵，适合贾母品饮。因此，我比较倾向于老君眉是武夷名丛的一种。遗憾的是，我迟迟没找到有说服力的依据。

2019年5月，武夷山有茶人来看我，说已找到老君眉。我不知是真是假，很想去看看，尤其想拜访找到老君眉的茶人。

一款老君眉让我如此牵肠挂肚。好在我十余年跋山涉水，苦行僧般各地寻茶，广结天下茶缘。心有所想，就有吉人相助。

2019年9月，我再次踏上闽地，从福鼎辗转福州去武夷山。在福州朋友茅丹府上喝茶时，我与汪征先生相识。汪征向我说起武夷山老茶人罗盛财。

罗盛财，高级农艺师，1964年毕业于南平农校，先后任崇安县（今武夷山市）综合农场场长、武夷山市农业局局长，从事农业科技推广和管理几十年，从1980年起，先后三次组织课题组，建立茶树品种资源圃，收集武夷岩茶各种名丛、单丛1 178份，无数次地攀山走岩，深入原产地，走访老茶农，发现、研究、培育名目繁多的名丛、单丛。退休之后，又在龟岩等地开垦茶园，继续研究繁殖名丛。2013年，罗盛财著《武夷岩茶名丛录》出版。

《武夷岩茶名丛录》从罗盛财收集和培育的1 178份名丛、单丛的资料中选录了70份主要品种类型。老君眉名列其中。

汪征的介绍，让我两眼发亮。我说："什么时候去罗盛财那里看看？"

汪征一口答应。两天之后，他与茅丹一行专门驱车从福州赶到武夷山，与我一起去龟岩拜访罗盛财。

龟岩，武夷山九十九岩之一。萧天喜主编的《武夷山遗产名录》这样介绍："龟岩俗称乌龟山，位于景区南部边缘、蓝原涧南岸梅子桥村南，与涧北的赤霞岩相对。总体看似一只巨大的海龟，人们传其为守护在景区南大门的神龟，故名。……岩上植被茂盛，古木合围，局部已辟为茶园。"

这茶园就是罗盛财于二十世纪九十年代建立的第三个名丛保护基地。

梅子桥村与武夷山大名鼎鼎的"三坑两涧"比，知名度不高，倘无人带路，仅仅依赖导航，也许无法找到。正是这样的鲜为人知，让这个小村落即使在茶季或者旅游旺季都保持着一份难得的宁静。

这天，带路的是罗盛财的女儿，她开着一辆红色越野车，我们的车紧随其后。

罗盛财等候在基地一排简陋的平房前，年纪不在我之下，个子比我略矮，肤色比我更黑，浅色体恤，灰绿中裤，一顶竹编的笠帽，一双棕黄色凉鞋……活脱脱一位老农，很难相信他曾经是武夷山市农业局局长。

中秋时令，武夷山还是 37 度高温，又遇罕见的持续干旱气候。他领我们进屋，提起水壶，在五个大碗中倒了茶："大家累了，先喝口水，上山。"五个人举起大碗茶，碰了碰，然后一口饮下，很有点仪式感。喝罢茶，罗盛财递给我一顶草帽，他自己拿了根竹竿，带我们去他的名茶圃。

那竹竿，既是他的拄杖和探路棒，又是他向我们讲解的教鞭。茶园路很窄，有的不满一肩宽，周边杂草丛生，看不清前面或是两侧是否有水沟。他手中的竹竿在路面上敲击几下，提醒说："当心，不要摔进沟里啊！"

走到他栽培的一行行绿郁葱翠的名丛中，他手里的竹竿，就随着他的讲解移动："这里是'状元红'，那里是'向天梅'……"俨然一位在田野授课的老教授。

后来，他总见我行走时提醒殷慧芬"小心"，有时还搀扶她，方知她视力差，就把那竹竿给了她。于是，殷慧芬有了行走的拄杖和探路棒。

罗盛财和我边走边聊，他1944年出生，长我两岁。我笑道："那我们俩加在一起正好150岁。"他哈哈大笑："倒真有150岁。"

罗盛财一生与茶结缘，为武夷岩茶名丛的保护传承培育开发更是倾其所有精力，他开发的名丛园，除了龟岩山下的梅子桥村，之前还有九龙窠名丛圃和霞宾岩的单丛资源圃。

我几乎每年去武夷山，曾听说少数急功近利的茶农，见眼前肉桂走俏市场，砍掉自家正岩茶园多种名丛，改种肉桂。尽管我多次劝阻，却大多无功而返。我曾为此辗转难眠，却又无奈。此刻，我尾随罗盛财，面对眼前一片琳琅满目，我把罗盛财引为知己，对他充满敬佩之意。

龟岩种植园的各种名丛让我目不暇接。正柳条、金锁匙、红鸡冠、醉贵姬、天女散花、雀舌、绿绣球、紫罗兰、玉麒麟、金罗汉、玉井流香、玉观音、正太阳、正太阴……一连串稀奇古怪的名词，有许多我过去从未听到的。有的虽然知道名称，但与实物面对面，却从没有过。

罗盛财滔滔不绝讲述这些名丛的特点，从外形到内质，从原产地到环境要求，从名称来历到其中的人文故事……

关于茶的专业知识，与罗盛财等茶学家比，我懂得太少。但我好问。

"名丛中有醉贵妃，你这里怎么还有醉贵姬？我听说过铁罗汉、白鸡冠，你这里怎么还有金罗汉、红鸡冠？"

这些问题罗盛财不厌其烦，一一解答。比如正太阳、正太阴，他告诉我原产地在外鬼洞上部一块圆形茶地，水沟从中拐弯流下，右上角长正太阳，左下角长正太阴，形似八卦，两株名丛恰似阴阳鱼眼。古人种茶如此布局，寓意武夷山为万茶之源。2014年9月，我去过内外鬼洞，也见过这块形似八卦的茶地。此刻听罗盛财如是说，那块神奇的茶地又浮现脑际。

在一块叫玉麒麟的名丛茶地，罗盛财稍作停留。他告诉我茶界泰斗张天福在世时曾品尝过龟岩种植园培育生产的这款茶，评价很高，说它的口味与母树大红袍十分接近，希望罗盛财妥善保护和培育好玉麒麟等优质名丛，让世人能更多了解和品尝到。罗盛财铭记了张老的叮嘱。

说到母树大红袍，我必须补充的是，我们现在看到的九龙窠六株母树大红袍，其中有两株是罗盛财补种的。

我的朋友、武夷山作家黄贤庚在他新著《茶事笔记》第148页中写道，"第一、二层（作者注：自下而上数起）两小块园上种的各一丛，是罗盛财同志于1980年分别从第一、二丛上剪穗扦插种植的。"

黄贤庚笔下的罗盛财此刻正与我行走在他的名丛种植园中。

烈日炙人，山路崎岖，垄间小路高高低低，坑坑洼洼，路难走，汗如雨，心情却无比愉悦。那是因为满目葱翠的名丛，与山雾交缠缭绕的茶香。

黄贤庚与罗盛财有个共同的观点，大红袍就是大红袍，本就是五大名丛之首，不是什么北斗，也不叫"奇丹"，不主张把武夷岩茶都笼统地称"大红袍"。我深以为然。

走到山坡边缘，罗盛财指着一片茶树说："这里种的就是老君眉。"

我顿时两眼发亮："老君眉？"

"老君眉。"罗盛财很肯定。

"《红楼梦》中贾母喝的老君眉？"

"对，贾母喝的老君眉。"罗盛财的口气依然毋庸置疑。

我兴奋了，走进茶园，俯身细看。老君眉植株中等大小，树姿半开张，分枝较密，叶片长椭圆形，叶色深绿油亮，叶质较厚，主筋脉粗显边缘叶齿比较钝稀浅，芽叶绿中呈黄，有细茸。我摘了两片，细闻，陶醉其中。

稍后，我站起来，亢奋地喊着同行的殷慧芬："拍照，拍照，我要与老君眉合影。"

在龟岩山裙边，我与一片老君眉茶树合影，手舞足蹈，与之共欢。

我问罗盛财："1985年版《红楼梦》中有注解，说老君眉是洞庭湖中君山岛的君山银针，你怎么看？"

罗盛财回忆说：2007年，他一次参加在武夷山桃源大酒店召开的茶叶科技座谈会，出席的有知名茶学家骆少君、穆祥桐等。他听到部分专家关于老君眉的讨论：

1. 老君眉是否湖南洞庭湖君山所产的君山银针茶？分析认为君山银针属黄茶类，茶性与贾母不吃的六安瓜片绿茶差别不大，贾母不会喜欢。

2. 老君眉不是武夷山的水仙茶？崇安县新志记载："水仙母树在水吉县（现属建阳市）大湖桃子岗祝仙洞下，清道光时由农人苏姓者发现，繁殖较广，因名其茶为祝仙，水吉方言祝仙同音遂讹为水仙，清末移植于武夷。"《红楼梦》成书于清乾隆年间，比水仙移植到武夷山早约70～80年，比发现水仙母株早半个世纪以上。

3. 比较统一的观点是武夷山名丛老君眉。据清郭柏苍《闽产寻异》记载，清时武夷山确有老君眉茶。用老君眉制成半发酵的岩茶，其品质特点汤色深红鲜亮香馥味浓，这种茶和红茶一样比较能消食、解腻。这是清代颇为时兴的茶叶，符合《红楼梦》中描述的特征。其时武夷岩茶盛誉海内外，以宁国府、荣国府当时的权势和地位，贾母享用珍贵的武夷山老君眉茶是很有可能的。

"大红袍是朝贡皇帝的，老君眉是天心寺用来招待贵客和礼佛的。贾府是富贵人家，拥有老君眉是有条件和情理之中的。"罗盛财如是说。

罗盛财向我叙述他们寻找老君眉的经过。

大红袍原来归天心永乐禅寺管理。1961年底起，根据崇安县人民政府决定，母树大红袍及九龙窠、内鬼洞、钟鼓岩、霞宾岩、北斗峰等名丛集中分布的岩茶核心区归由县综合农场管理。综合农场连续管理母树大红袍及产制达34年之久（1962年春～1995年）。罗盛财任场长后，从1980年起，组织课题组，致力于岩茶名丛和单丛品种资源的收集保护和整理。

在搜集岩茶名丛的过程中，原来天心禅寺一位看守母树大红袍的龚姓僧人问罗盛财课题组成员："你们在找什么啊？"

龚姓僧人那时已成了农场专职看守母树大红袍的职工，俗名"妹仔"。"妹仔"说，他的师祖在1949年曾从九龙窠挖起一棵名丛，很名贵，种在附近一个秘密的岩隙地中，他的师祖师父都有采制。采制成的茶是用来礼佛拜祭和招待重要客人的。

到了他这一代，合作化啦，割资本主义尾巴了，这棵茶树就没人管了。

课题组人员立即来到九龙窠背后"妹仔"指定的一块凹地搜寻，无果，即将此事向组长罗盛财作了汇报。罗盛财听到汇报后，警觉地联想到会不会是母树大红袍？

他再问龚姓僧人："此树大约在什么方位？茶树周边有什么标志物？"僧人告诉他："我师父说周围原来有五块石头。"于是罗盛财带着他们再去那块凹地。

年旷时久，那里已是荒木杂草丛生，哪里看得见早已被泥土掩埋的石块？但罗盛财不灰心，第二天拿着锄头、柴刀，带领职工再去，卷席般在这块荒地上砍去杂乱草木，挖土搜寻。

终于，罗盛财找到了第一块石头，接着第二第三块也找到了，他兴奋地叫大家过来，五块石头陆续地都出现了。

真是喜出望外，他们小心翼翼地开挖，在荆棘丛中找到这棵名丛，只有细细的一根树枝，四片树叶，土下根茎有鸡蛋般大小。

从茶树叶片看，有点像水仙。大红袍的叶片接近小水仙形，因此罗盛财一开始认为他们找到的可能是一棵大红袍，因此高兴地大呼："名丛真个在，相见恨晚时。"

他们很小心地挖起，在九龙窠名丛圃挖了深坑栽种。

有位刘姓农场职工饲养家禽，罗盛财他们把鸡畜的粪便埋在坑中，再填黄泥。夏天种的，到了秋天，这株茶树长出新叶来了，到第二年春天又长新枝嫩叶了。

罗盛财仔细察看，觉得新叶与大红袍不一样。他把龚姓僧人又叫过来，说："这棵名丛好像不是大红袍哎。"

僧人回答："我没说过是大红袍啊。"

"那是什么名丛呢?"

僧人答："我也不清楚。我好像听师父的师父说过，是一种很珍贵的名丛，一本叫《红楼梦》的书里写到过，三个字，叫什么梅（眉）。"

罗盛财找来《红楼梦》，在第四十一回找到了。那就是贾母喝的老君眉啊!

说到这里罗盛财大笑："'JM056'有名字了，老君眉!"

眼看濒临灭绝的一代名茶老君眉，因为罗盛财他们，喜获新生。在罗盛财等人的悉心照顾下，老君眉没有断子绝孙。现在，通过短穗扦插无性繁殖的方法，老君眉的种植规模已比较可观。

夕阳时分，阳光金灿金灿，投射在一个叫"野猪笼"的峡谷里，与罗盛财培育的几十种名丛交融，如一幅画卷徐徐向远方铺展。老君眉、过山龙、红孩儿、鹰桃、玉蟾、石观音、留兰香、胭脂柳、醉海棠……这些名丛茶树的名字，就像这画卷上的人物，虽然古典，却生气勃勃，十分鲜活。

在龟岩 20 来亩的名丛基地，罗盛财种下了《武夷岩丛名丛录》记载的全部品种。近几年又多了罗盛财培育的不少新的品种类型。

多姿多彩的名丛品种类型，因为罗盛财，已经超越农耕意义上的传承，更是茶文化史上的不可低估的人文意义上的发掘。

龟岩，现在是福建省茶树优异种质资源保护基地（闽茶圃004），这样的基地还有九龙窠、御茶园、鬼洞等少数几处。优质的生态环境，无论对茶对人，都是一块纯洁的净土。

我听说龟岩顶上有个名叫"蓝家寨"的古遗址，是明代诗人蓝仁所建，现在还存石砌护坡、山门、残墙……

沿山坡而上，还能不能看到古人留下的岩刻文字记载？

第二天，罗盛财请我们去他家，品味他亲手沏的一道香醇厚爽的老君眉。在汤水滑入喉间，回甘齿颊的一刹那，我在想，龟岩的岩壁上是否应该刻上罗盛财的名字？

附：再说老君眉

一石激起多重浪。《寻找老君眉》一文发表后，引起茶友热议。南京茶文化学者葛长盛先生转发时，罗列了世人对《红楼梦》中"老君眉"较普遍的三种观点：湖南洞庭湖君山的白毫银针茶、福鼎白茶和武夷岩茶。

在我未遇见武夷山罗盛财先生之前，老君眉究竟产自哪里，我也疑惑。十余年里，为寻求答案，我两次上湖南洞庭湖君山岛，十来次去福建福鼎和武夷山，翻山越岭无数。

在清代武夷山千余种名丛名录中原本是有老君眉的。清朝郭伯苍《闽产录异》一书也记载："老君眉，光泽乌君山亦产……"乌君山处武夷山脉中段。

我在英国伦敦的茶友赵巨燕看了《寻找老君眉》之后，发了一段文字给我，说她在读罗伯特·福琼写的一本游记中曾看到一张插图，武夷山茶农肩挑的箩筐上写着"君眉"两字，她一直不明白是什么意思，多次去武夷山也没找到这款叫"君眉"的茶，看了我的文章，终于找到了答案。

罗伯特·福琼（Robert Fortune，1812—1880），苏格兰植物学家，1839—1860年四次来华，寻访植物标本，到黄山和武夷山寻找茶叶，并将中国茶树种植技术移植到印度等地。

我请赵巨燕发图给我。她即刻从万里之外发来书的封面和相关插图。

"这书有卖吗?"我也不管英文版的书是否能看懂，请她为我代购。她说国内已有中译本。我喜出望外，即刻在网上搜索，果然，中译本书名《两访中国茶乡》，江苏人民出版社出版。我即刻下单网购。

书中果然有那幅茶农肩挑"君眉"的插图。

这插图，无疑是对老君眉产自武夷山的又一有力佐证。

只为武夷山那一片红叶

早就听说过王顺明的故事。

本世纪初,上海有朋友去武夷山,我叮嘱他:"回来别忘给我带茶叶。"特别指出包装上要有一片红叶的,那是武夷山茶叶总公司的商标,正宗,可靠。

朋友回来,果然给我带了茶叶,包装像一条大中华香烟,内有 10 小盒,有一片红叶的商标。再细看,出品单位已不是武夷山茶叶总公司,而是一家叫"琪明"的茶叶企业。

见我疑惑,朋友笑说:"你消息不灵了。武夷山茶叶总公司改制了,这个琪明茶叶研究所的创始人就是过去茶叶总公司的老总,叫王顺明。他从 1987 年起,一直是母树大红袍的守望者。这茶你放心喝。"

对王顺明更多的了解是 2019 年秋天在莆田，茶友刘荣翔请我在"琪明小院"喝茶，对我讲了不少关于王顺明的故事。

王顺明，1963 年随父辈从古田迁居武夷，1974 年学校毕业后从事茶叶栽培、制作、审评，管理。1975 年他 21 岁，任崇安茶场第六分场党支部书记；1987 年任武夷山综合农场场长、党委书记；1993 年任武夷山市岩茶总公司总经理；1996 年兼任武夷山茶科所所长。王顺明与武夷茶相伴 40 余年，守护、管理 6 棵传奇般的大红袍母树茶近 20 年。

"王老师说：有人把青春献给了自己的老婆，我把青春献给了大红袍。"刘荣翔如此叙说，充满敬意，"那些年是王老师最好的青春岁月"。

武夷山大红袍的那一片红叶，深深地印刻在王顺明心中。

武夷山茶叶总公司转制那年，有的企业要厂房、车间，有的要设备、机器，王顺明只要了它的无形资产，其中包括那一片红叶的商标。

正是对这片红叶的钟情，他领衔起草了武夷岩茶的制作标准，一直沿用至今。

正是对这片红叶的钟情，2006 年，他理所当然地被国家评为首批非物质文化遗产传承人，继而又获第二届中华非物质文化遗产传承人薪传奖。那一届获此殊荣的，王顺明是茶界的唯一代表。

也正是对这片红叶的钟情，多位国家和省政府领导人访问过王顺明的茶园、研究所和工厂，对王顺明在岩茶技艺传承上的贡献评价很高。金庸、启功、顾景舟、张天福等各界名人来武夷山也喜欢去他那里喝茶。

刘荣翔告诉我："在王老师的茶科所里，他不挂与领导人的合影照。他说，做茶就是简单用心地把茶做好。"

当代壶艺大师顾景舟送他一把紫砂壶。王顺明拿去给工人们干活时喝茶用。顾景舟过世后，他做的壶被拍卖至成百上千万，王顺明才想到这把壶的价值，只可惜工人使用时不小心已把壶嘴损坏。

那晚在"琪明小院"连着喝了王顺明的白鸡冠、大红袍、水仙、肉桂……口感绝不输于别人家包装豪华，标价几万、几十万一斤的茶。刘荣翔说："王老师做的是老百姓喝得起的茶。"由此，我明白赫赫有名的"琪明"茶为什么不在武夷山那些高价茶的价目表中。

我注意到每袋包装都有一片红叶商标，包装袋还是重复使用过的。

刘荣翔描述的王顺明，务实、沉稳、节俭，与有些人口中的"霸道"判若两人。

好茶和传奇般的故事，让我对王顺明兴趣愈浓。刘荣翔说："下次去武夷山，一起到王老师那里喝茶。"我一口答应。

2020 年茶季，我在武夷山。刘荣翔得知后，驱车四个多小时从莆田连夜赶来与我会合，相约第二天晚上去拜访王顺明。

旗山路上的琪明茶叶研究所位于 1938 年创办的崇安茶场旧址，这给"琪明"增加了几分历史底蕴。占地 36 亩，厂房颇具规模，设备齐全。园林式的环境，我更是喜欢。

王顺明穿一件香云衫短袖上衣，见我们进茶室，寒暄一番，取出准备的四款茶，连先后冲泡的次序他都做了细心安排："白鸡冠""琪明 7 号""琪明 1888 号""琪明 8 号"。后三包是他的"私房茶"，5 克装，包装袋都是再用的。

刘荣翔从"琪明小院"带来的年轻茶艺师泡第一道"白鸡冠"，茶汤非常干净，却缺了点应有的厚度。王顺明注意到我的表情，对茶艺师说："你们泡茶要看对象，对一般茶客可以这样泡，对楼老师这样的老茶客不行。"

说罢，他让姑娘们站在旁边，自己左右开弓地泡起茶来，冲注沸水的力度明显比女孩子大，茶水在盖碗中翻滚，随着叶片在沸水冲击下的旋转和舒展，茶香顿时在空间弥漫。合盖后，他坐杯时间比茶艺师稍多几秒钟，然后把茶汤注入公道杯，再一一分配到各人茶盏中，自然流畅，一气呵成。

茶汤稠了许多，那一口厚醇的茶水，在口腔中含留片刻，齿龈和舌尖被蜜一般的香气包裹，最后咽入的霎间所升起的美妙滋味，真可谓是一种难得的享受。同一款茶，王顺明泡，味觉不一样，我见识了他的泡茶功夫。

喝岩茶我也算"资深"，我能辨出"琪明7号""琪明1888号""琪明8号"分别是大红袍、肉桂、老枞水仙。但我辨不出它们产自哪个山场。武夷山九涧三十六峰七十二洞九十九岩，处处出奇茗，耳熟能详的"三坑两涧"，鲜有人迹的"鬼洞""竹窠""芦岫""刘官寨"……正岩产茶的好地方太多。

我问："'琪明7号'是哪个山场的？"

王顺明答："武夷山的。"

"'琪明8号'呢？"

"武夷山的。"王顺明又答。

一边的刘荣翔笑了："王老师不会告诉你。他心中只有一个武夷山。"

这次来武夷山，我还没来得及去看王顺明家的茶园。但这些年我到过的生态环境好的山场，一定有他们家的茶。果然，那泡口感极好的"琪明1888"就产自马头岩位置最好的"马槽"，难怪茶香那么沉着、幽深、长远。

我换了个位置，紧挨着他。

王顺明是个直率的汉子，他说："你靠我那么近，我这人'霸道'哎。"

我说："我不怕你的'霸道'，我在武夷山也交往了不少人，罗盛财、黄贤庚，我都访问过，写过。我靠你近些，是想更多地听你说。"

他哈哈笑了："罗盛财、黄贤庚都是我老哥哎。"他知道我

18

年龄后，说："那你也是我老哥。"他打量我一番："到底城里人，看上去没那么老，不像我们农民。"

我撸起袖管："我长得比你还黑，我也像老农民啊。"

他大笑："这些年走茶山，看把你晒的啊！"

我带了本《寻茶记》给他，说是我走茶山后写的书，继而问他："武夷岩茶的制作标准是你主持制定的，你为什么不写一本相关的著作呢？"

他说："和你们作家写茶不一样，你们写的是个人见闻和感受。我们写茶，就是在说茶专业、茶科学，那就不能草率啊！写书千古事，不可乱下笔。"

王顺明的这种严谨，实际上对作家也是一个警示。我就看到过有作家把武夷山的大红袍、铁罗汉误写成"红茶"的。

我在他的茶室转悠，墙上挂着启功等文人字画。他指着其中一幅："这是吴建贤的，你们上海的书法家，他给我写'晴耕雨读'。"我说："可惜吴建贤走得早了点。"他说："是啊。"言语中不乏惋惜和怀念。

"晴耕雨读"，曾经是中国农村许多农户的家训家风，王顺明仍然恪守。

"我也写字，我写'温饱是福'。"他哈哈笑着。

我在他们家食堂里果然看到"温饱是福"这幅字，写得还很不错。

我注意到餐厅的那张圆桌很大，二十来人可同时吃饭。据说每逢开饭时，家人和车间工人围坐一起，大桶米饭，满桌菜肴，大家吃得有滋有味，深感"温饱是福"。王顺明把工人当家人，这让我又想起他把顾景舟送的紫砂壶让工人们干活时喝茶用的故事。

王顺明领着我在工厂转，几十台摇青机齐整地排放在车间里，气势宏大。他自豪地说："这样的车间我有几个。这些机器同时转动时，很气派吧？"

我问："可以拍照吗？"

他说："当然可以。"

我说："前两天我去一家企业，他们就不让我拍照。"

他大笑："这有什么秘密呢？我还手把手地教人家怎么做呢！我这里都可以拍。"于是我跟着他一路走一路拍照、录像，自由自在，有种难得的爽快。

在茶库，大包大包堆积成山的毛茶让我惊讶。我发现每包茶袋上都挂有标签，上面清楚标明哪天采的，是晴天还是雨天，大雨还是小雨。我未免惊诧："雨天你们也采茶？"

王顺明淡然一笑："有些人做不好茶，就抱怨老天爷，说什么天气不好。老天爷是公平的，对每个人都一样。不同时间不同天气采的茶，怎么拼配怎么做？就看你自己的本事了。"

不管风吹雨打，胸中自有雄壑。这一刻这句话用在谈笑风生的王顺明身上，再恰切不过了。

小罐茶的横空出世让王顺明成为"网红"。我对电视荧屏上的"好听就是好茶"这话一直不解。王顺明的解读是:"茶叶不管在罐子里还是盖碗中,摇一摇,声音好听的,说明采摘是标准的,揉捻是有力度的,茶的条形一定是紧索的,干燥度是适当的。如果含水率过高,摇起来的声音是闷的。声音好听是好茶的标准之一。当然最终,对你们喝茶的,还是要相信自己,好喝就是好茶!"

我又长了见识。之前喝茶,用眼看,用鼻闻,用嘴品,现在又知道辨别茶的好坏,用耳朵听也是一个方面。

"那么,对'小罐茶,大师作'这个广告语,你怎么看?"我直截了当。互联网上曾有人给小罐茶算了一笔账,以至小罐茶和八位大师成了质疑对象。王顺明认为广告语用"小罐茶,大师监制"更贴切。制茶不一定都要大师亲力亲为,也不一定全部用手工。"该用手工的地方必须用手工,可用现代设备的地方也可以用现代设备。"王顺明对制茶工艺的态度直言不讳。

我仍有纳闷,那么庞大的工厂,那么多的车间和设备,那么多的茶叶,那么繁复的制茶环节,王顺明是怎么监制的呢?

在一堵电视屏幕墙前,王顺明告诉我,制茶时或者培训教学时,他就站在屏幕前的讲台上,对着屏幕镜头不断变换发号施令。

我想,那时的他一定像指挥千军万马的将军。思考的缜密,处事的果断,几十年做茶的经历,铸就了他在武夷岩茶界的引领风范。

王顺明给了我两盒"琪明守艺"。

"守艺"这名字是王顺明取的。"守艺",包含了太多的内涵。其核心就守住武夷岩茶的传统制作技艺。针对当前武夷山有茶人为迎合一些人追求所谓"清香"口味,在工艺上"创新",王顺明认为,不应该让武夷岩茶去迁就这部分人。武夷岩茶就是这个标准,你觉得口感太浓太重,你可以去喝铁观音、绿茶、白茶。

我深以为然。岩茶,我一般不喝当年做的,至少放一二年后才开罐喝。而那种所谓"清香型",发酵轻,焙火不足,一二年后就往往会泛青,那股涩味很难喝。

王顺明是注重古法炭焙的。王顺明说:"我是武夷岩茶制作工艺的传承人,别人急,我急不得,哪一环节急了,没有坚守传统工艺,茶就做不好。"他的不急,他的前后十几道工序,层层"守艺",才造就了"琪明"茶的岩骨花香。

"这茶放几年都好喝。你会喜欢的。"他说。

我说:"那我回上海后,与好朋友一起分享。"

王顺明说:"你傻呀,你自己喝。你那些朋友又不一定懂茶。"

他虽这么说,但见我也是个豪爽重义气的汉子,又吩咐员工:"你上去拿几条茶,各种都拿一点,让楼老师回上海招待朋友。"

步行至一幢木结构的小楼前，王顺明告诉我，底层是手工作坊，二楼是他的书房"静思斋"。"琪明茶业手工作坊"和"静思斋"的匾名都由他自己题写。

手工茶，顾名思义是制茶中的任何一个步骤都是手工制作，全程没有机械参与制作。武夷岩茶的制作历史最早全是手工做的，说"传承"，一定要会全手工制茶。手工制茶的工具在"琪明"手工作坊一应俱全，王顺明就在这里向徒弟们包括前来实习的农大、茶学院的学生们传授技艺。

后来，我果然在厂门口看到许多块北京、福建、湖北等各地高等院校的茶学专业挂在墙上的"实习基地"的铭牌。

"传承"两字，对王顺明，不只是说说的，而是身体力行、切实去做的。"琪明"涌现张长忠、王盛聪等优秀的后来者，正是王顺明无私传授的结果。

有意思的是离开手工茶坊时，我看见他的小外孙女正端着个小号的玩具竹筛，也煞有其事地做着手工摇青，动作还很熟练。大家看着都笑起来。

王顺明的女儿王艳薇这时打开手机给我看了她家小宝贝许多张与茶相关的图片，有像模像样泡茶闻香的，也有手捧茶青眉开眼笑的……十分可爱。图片告诉我，王顺明的小外孙女也有志继承外公的手艺，"琪明"真是后继有人啊！

王顺明欣喜地看着外孙女，随后说："我到书房去给你拿点茶。有些茶只有我书房里有。别人拿不到。"我说："我陪你上去。"

二楼的书房，大半是他的茶库，满屋茶香。刚才品味的"琪明7号""琪明8号""琪明1888"号都在其中，琳琅满目、品种繁多，有许多我还来不及品味。在这些茶的包装袋上，一片红叶的标志分外醒目。

他的书房并不大，一张书桌，桌上有纸笔，一张茶桌，桌上有茶具。他在这里"静思"、读书、喝茶、写字。让我眼睛一亮的是书桌背后挂的那幅字："大红袍薪传人"。那是对他的评价。

为着武夷山那片红叶的生生不息，王顺明承上启下，薪传火递几十年，行远自迩，孜孜不倦……

金玉满堂，彩霞满天

我们坐着赵勇夫人汪林开的车去星村。一路风景，快到星村时，见天空满是彩霞，很是壮观，像满树红花，像满山旌旗，像从绿色茶园一直铺到天空的织锦，更像武夷山茶人焙茶时燃烧的炭火。大家都被这罕见的景象惊呆了，赵勇要汪林停车，他要拍照，他说太美了。

我也被这满天彩霞感动。彩霞，象征着什么？我来不及太多地思考。我只是预感，今晚也许是一个美丽精彩的时刻。

赵勇曾任武夷山市文联主席，此刻去武夷山永生茶业公司看戏球名茶正是得他的带领。

我知道永生茶业公司是武夷山的名企，每次去星村，我都看到这家茶企横跨公路两边的"戏球名茶"广告牌楼。用"戏球"做商标，是因为他们的茶叶基地在九曲溪第八曲一个叫"双狮戏球"的景点附近。"双狮戏球"在萧天喜主编的《武夷山遗产名录》一书中被列入一百零八景之一，有介绍文字："民间传说为古时此地常有猛虎出没伤人，天神派遣神兽狻猊下凡驱虎安民。狻猊，晋代文学家郭璞注释为狮子。"

"戏球"，早在 2003 年就被评为福建省著名商标。

永生茶业还有一家叫"金佛岩茶研究所"的机构。金佛茶是戏球名茶中的主打品种之一，香气高远、浓郁，滋味甜醇，岩韵明显，回甘快，冲泡七遍仍有余香，是一款很有品质的茶。

我在 2016 年秋季喝过金佛茶。其时，上海嘉定举办首届"陆廷灿茶学思想研讨会"，武夷山茶文化学者、作家黄贤庚应邀出席。黄贤庚夫妇带给我们的礼物就是戏球金佛茶。历经四年，这茶已所剩无几。赵勇带我去认识游玉琼，品尝金佛等戏球名茶，我当然十分乐意。

进了公司大门，迎面遇见一位年轻人，彬彬有礼地向我们微微鞠躬打招呼。赵勇与他熟，向我介绍他叫方舟，游玉琼的儿子，英国留学回来的硕士，永生茶业的副总。方舟正拉着行李箱外出，说是代表企业去外地参加一个会议。他连连打招呼："我这次就没时间陪你们了，很抱歉。妈妈在友茗堂等你们。"很谦和很有礼貌。一面之交，让我对他很有好感。

永生茶业的大草坪有勒石，上面"友茗堂"三个字是谢有顺写的。除了文学圈子，知道谢有顺的恐怕不会太多。可见这个游玉琼与文学圈的朋友关系不一般。

游玉琼在门口迎接我们，门楣是块精湛的石雕"双狮戏球"。进入友茗堂，我看到橱窗内陈列着各种以"双狮戏球"为内容的古代木雕，大多是古建筑中的构件，横梁、拱撑……琳琅满目。我一一欣赏，恍若行走在雕刻博物馆。有主题的收藏，也许正是游玉琼对"双狮戏球"和"戏球"品牌的深情。

墙上有张天福和演觉法师的字，也有莫言、贾平凹等作家的字，游玉琼与金庸、舒婷等作家的合影。做茶的，有张天福的字不奇怪。做"金佛"茶的，有中国佛教协会会长演觉的字，也在情理之中。但是与莫言、贾平凹、舒婷等作家走得那么近，让我觉得其中必有故事。

果然，我从莫言 2005 年写的"武夷茶王"的题跋中寻到了端倪："乙酉十月赵勇兄引领参观永生茶厂吃农家饭品武夷茶心中大快涂鸦志之高密莫言"。这些文人墨客与永生茶业的缘分，是赵勇的牵线搭桥。

今天，赵勇又牵线让我们夫妇与游玉琼相识。

人到中年的游玉琼思路敏捷，说话办事干脆利落，是个精力无限的人。游玉琼知道我是《寻茶记》的作者，写过不少关于茶、茶人、茶文化的文章。我遗憾身边带的《寻茶记》已全部送完，这时拿不出一本给游玉琼。赵勇见状，从包里掏出我给他的那本书："可以把这本先给游总，我的名字你可以涂掉，没关系。"

我说："也行。以后我加倍还你。不过，你的名字不能涂掉。我可以学莫言，在扉页上多写两行字。"

游玉琼听了拍手称好："楼老师多写几句，这本书就更有故事了。"她翻开书，递给我一支水笔。我稍一思索，写道："此书原赠赵永兄，经赵永介绍有幸认识游玉琼女史，囊中无书，借赵永书转赠。"赵永系赵勇别名。

游玉琼告诉我，"赵勇原是文联主席，那时架子还蛮大的。为了得到主席的支持，他那里我不知道走了多少次，他不在，我在门口等，这次见不到，下次再去，我比三请诸葛亮心还诚。他终于被我的真心实意打动，不仅为我们企业出了不少好的创意，还为我们引来了全国各地的文化名人，今天又把楼老师夫妇带来了，欢迎啊。"

说话之间，殷慧芬忽然回忆起她是来过这里的。那是上世纪九十年代中期，作家出版社组织的笔会。

赵勇问："是不是张胜友带的队？"殷慧芬说："是的。"

赵勇说："那是我接待的。你们是不是住在武夷山庄？"殷慧芬又说："是啊。"

我在手机中找出一张殷慧芬当年在武夷山与叶广芩、苏童、邱华栋的合影："当年的老照片还在呢！"赵勇一看，笑起来：

"这张照片是我拍的，是在小竹林那边。真是太巧了，太巧了。"

殷慧芬对游玉琼说："记忆中那次来，是你爸接待的。"游玉琼的父亲游永生是永生茶业的创始人，上世纪八十年代，是星村的支部书记。

提起游氏，我们刚去过柘荣游朴故里。"那里有个很大的中华游氏文化园，海峡两岸游姓子孙每年在那里搞祭祀活动，你家那一支与那里有关吗？"我问游玉琼。

游玉琼说："有关啊，祭祀活动我们也去啊。游朴是明代名臣，追溯到更早的祖宗，是北宋著名理学家游酢，武夷山'水云寮'是他学成南归时著述讲学的地方。游酢隐居武夷时与山中茶农交往密切，自己也做茶，说起来是我们游姓在武夷山的制茶始祖呢！"

水云寮，我十年前第一次去武夷山就有涉足。想不到，十年之后，与游酢的后裔又有了交往。

游玉琼的祖父和外公当年都是武夷山的制茶好手。1985年，父亲游永生为了振兴星村的岩茶产业，增加村里的财政收入，带头办起民营茶叶厂、永生茶业的前身——九曲茶叶精制厂。游玉琼说："现在别人都说我们发了财，但在当年，村支书什么都要带头，这种'发财'在那时是被逼上去的。"

往事历历在目。1985 年，游玉琼 17 岁，辞去公职，进了父亲的茶厂。一开始在厂里食堂煮饭，因为从小在祖父和外公的茶叶堆里受到熏育，对做茶兴趣很大，在厨房煮饭煮菜的她，常常扔下饭勺，去做青间。有一天，她想正式拜师学艺，换上漂亮衣服，穿上裙子、高跟鞋，去找师傅。师傅看了她一眼，问："你是来当千金小姐，还是来学做茶的？"倔强的她没被师傅的当头一棒打闷，转过身就去换了一套工作服，拿起竹筛，跟着师傅正儿八经学做茶。

从那天起，游玉琼踏进做茶的门槛至今已足足 35 年。35 年里，她为茶倾注了全部心血，茶成了她生命的一部分。她笑说："我连生儿子都算准了时间，我选在夏天生他，正好春茶季过去，不影响茶叶采摘和生产。"

古有"拼命三郎"，35 年里，游玉琼无疑是位"拼命茶娘"。凭着她的拼搏，如今她是首批国家级非物质文化遗产大红袍制作技艺传承人中的唯一女性，也是国家乌龙茶标准委员会成员、福建省科技创业领军人才和福建省优秀企业家。

游玉琼领衔制作的"戏球名茶"向世界展示了武夷山大红袍的风范，在上海世博会和全国各种茶博会上屡获金奖，特制的珍藏版茶品还特别受到收藏界的青睐。2013 年，"金佛"茶作为游玉琼的代表作，被中国国家博物馆正式收藏。2018 年，"金佛"茶被第五届世界佛教论坛指定结缘茶。

"金佛"茶的魅力还在于她的美丽传说。这款茶的母树原是武夷岩茶基因库中的菜茶群体种，九十年代初，被游玉琼们在武夷山九曲溪第八曲"双狮戏球"偶然发现，听有传说过去佛祖洞佛主每日修行时以此茶充饥，就取名"金佛"。1998年，游玉琼成立武夷山市金佛岩茶研究所，开始潜心钻研和培育，小规模通过无性繁殖育种。之后在九曲溪第八曲和武夷山核心风景区一线天等山场批量种植。山场常年云雾缭绕，坑涧山泉溪流贯穿，泉水常年不绝，日光照射适宜，植被丰富，生态极好的小气候环境和利于茶树生长的砂砾质土壤使"金佛"茶内质尤为丰厚。

2003年，首批"金佛"产品茶问世。从鲜为人知，到小众茶，再到现在被众多茶客追捧，"金佛"的成功在于游玉琼的团队层层严格把控。春季，他们挑选晴朗日子和最适宜的时间段采摘，之后的每一道工序由经验丰富的制茶师把关制作，传统的武夷岩茶制作工艺，后期焙火的一丝不苟，足而不焦，走水通透，使"金佛"不但口感丰满，而且适宜长期储存而不泛青变涩。黄贤庚转赠我的2015年制作的戏球"金佛"，我现在喝，滋味不改，更因历经五年的时间沉淀，内质更显丰富醇厚。

在友茗堂品味"金佛"，我像是旧友重逢，深感此茶的厚重沉稳。而一款名为"玉琼"的新品，则更像一位佳丽令人惊艳。

"玉琼"的包装袋面上有"花香型"三个字，一侧有文字写着："玉琼茶为我公司与国家茶叶产业体系乌龙茶品种改良岗位专家联合研发大师造，具有自主知识产权。"游玉琼本人是国家茶叶产业体系南平综合试验站站长，为"玉琼"茶的研发倾注了她的大量精力。

"玉琼"茶开袋冲泡后，一种花木馥郁的气息在室内飘散。游玉琼拿来一个"茶香水神器"，说这是她儿子方舟的创意。她将冲泡好的"玉琼"茶灌入"神器"瓶内，然后按下按钮，水汽喷了出来，顿时屋内茶香气弥漫。"这个好，我闻到了茶中花香木香!"有人称道。原本需要用口舌品味的茶香，现在通过这个"神器"就可以感受到。

游玉琼说，如果不是儿子，自己大概永远也不会想到可以这样跨界，不会把这玩意用在茶上面。现在她会经常给客户送"茶香水神器"，有了这个"神器"，客人可以很方便地知道不同品种岩茶的独特香味、特征。

儿子方舟是游玉琼的骄傲。方舟从小在茶厂成长，高中毕业后去英国著名的华威大学攻读数据建模、大数据分析，硕士毕业后回到武夷山。游永琼说："现在公司最忙的，除了我就是他了。"

我问游玉琼："年轻人想法很多，方舟学的又是数据建模与分析。你是用什么办法让他那么心甘情愿地跟着你做茶呢?"

游玉琼笑了。她说："传统的好东西，包括茶，年轻人还是喜欢的。方舟从小在茶中耳闻目染是一个方面。另一个方面，他在英国留学期间，我给他喝自己家最好的茶。我这种刻意，让他生活中离不开好茶。他留学回国，我说，你要喝好茶，就必须自己做。他听我这么说，还能有什么别的想法?"游玉琼为她的这一招很有点得意。

在公司，她与儿子大体有个分工，她比较多的精力花在技术和产品开发上面，儿子比较多的是做营销、市场、管理。"我爸退休了，我接了上去。将来我退休了，方舟可以接上去。"游玉琼有个"野心"，她想把永生茶业打造成百年名企。

儿子曾经跟她算了一笔账，他说："妈妈您太狠了，你的一个心愿规划了我们家五代人。你把我的子孙都算计在其中了。"为了打造中国有特色有生命力的茶企，为了永生茶业的"永生"，游玉琼确实成了个"狠角色"。

戏球名茶中的"金佛"已经成了武夷岩茶中的著名品种。"玉琼"面世不久，茶客们对她的认知也许还有个过程。金枝玉叶、金浆玉液、金玉良缘，金玉满堂……金佛的"金"与玉琼的"玉"可以有如此美好组合！

游玉琼一只手接过祖辈父辈传给她的古老的武夷岩茶制作工艺，一只手拉着在国外留学过、懂得大数据分析等现代科技的儿子，面前是大片得天独厚的茶园，背后还有强大的企业文化做支撑，"戏球名茶"占尽天时地利人和。我恍然明白，来星村的路上见到的满天彩霞象征着什么了。

拄杖寻茶到竹窠

2019 年，在武夷山"水之品"杯斗茶赛中，竹窠赵氏兄弟的茶先是获得了肉桂类"榜眼"。兄弟俩不买账，说家里还有更好的肉桂，要与"状元"挑战。比赛有挑战"状元"这个项目，不少挑战者以失败告终。然而赵氏兄弟的这次挑战却赢了，于是获得"挑战赛状元"，即所谓的"王中王"。

我听斗茶赛的策划者郝小莹女士如此介绍，对赵氏兄弟颇感兴趣，当即请她带我去认识一下。

那是 2020 年 5 月 8 日的夜晚，到达赵氏兄弟的武谷岩茶厂已近 8 点，赵汉宏刚从竹窠山里回来，在吃晚饭。见了郝小莹，他叫了一声"郝姐"，就让我们先去厂里喝茶，让弟弟赵汉福接待我们。

赵汉福人称"福哥"，我听了大笑，我说："我在上海，大家也都叫我'福哥'。今天，老'福哥'碰到小'福哥'了。"说来也正巧，两人居然生肖都一样。他小我三轮。喝茶聊天时他告诉我，赵氏家族原籍浙江文成，1959年，爷爷赵沛仁带着整个家族迁来武夷山，当时崇安茶场场长姚月明正要人在竹窠山上看守茶园。赵氏家族答应了，从此他们在武夷山有了落脚之地。

从浙江迁来那年，赵氏兄弟的父亲才9岁。父亲过世那年，赵汉福也只有9岁。他们兄弟由伯父们拉扯大。

说到这些往事，他有点伤感。可以想象赵氏家族当年的艰辛。

正说着，哥哥赵汉宏吃完晚饭，抹抹嘴来了。汉宏是老二，上面还有个老大叫赵汉平。武谷岩茶厂是汉宏、汉福兄弟俩1999年创办的。

赵汉福高高大大，性格憨厚，总是笑嘻嘻的，话不太多。赵汉宏却是小个子，浑身上下机敏灵活，与人说话对答如流，滔滔不绝。也许正因为性格不同，赵汉宏负责营销、管理，赵汉福负责技术、生产。正是茶季最忙的日子，赵汉宏每天带山采茶，赵汉福则是通宵制茶。晾晒、萎凋、摇青、走水、焙茶……他能做一手好茶。

当年爷爷赵沛仁的这一决定，让赵家整整三代人守在竹窠荒僻的山里。

我问:"你们家的老屋还在吗?"

赵汉宏说:"在啊。"

我说:"景区的农民住房不是都搬出来了吗?比如我认识的慧苑陈玉维家。"

赵汉宏说,他们家在竹窠山顶上,不属于旅游观光区,用不着动迁。又听我与陈玉维熟,说:"我小时候念书的地方就在陈玉维家附近慧苑寺旁边,那个学校在我三年级的时候拆了。"

我说:"那你每天读书要从山顶走到山下慧苑寺,很辛苦哎。"

汉宏说:"不辛苦,很开心。"

我奇怪:"很开心?为什么?"

汉宏说:"全校就一个班,几个年级的同学一起上课,我听完一节课,老师又给别的年级上课,我每天可以玩三个小时,怎么不开心?"

"这些老照片我都还在。"说着他从柜子抽屉里找出旧相册来,一张张让我看。"我记得我跟陈玉维家的女儿还是同学呢!"他指着照片,说最后一排那小子就是他。我一看,这家伙从小就是调皮鬼。

那晚,赵氏兄弟请我们喝了两泡茶,一泡是"传承·竹窠传奇",另一泡是"手工肉桂"。品质都很好,尤其是那泡手工肉桂,那坑味,那种宛如雨季大树散发出的木质香味很让人沉醉。我稍觉奇异的是,这款茶与我在黄贤庚那里喝的"瑞泉号"

有几分相似。后来我才知道赵汉福有一段时间向黄圣亮学过制茶。唯觉可惜的是赵氏兄弟斗茶时获得挑战赛冠军的那款茶卖光了，我没喝着，有点遗憾。

夜里，车间热火朝天，一片忙碌。我行走期间，看摇青机里的茶青是否一芽三叶，茶的开面是否达到要求。作家中像我这样"专业"的也许真的不多。赵汉福还演示了手工摇青。在他手中，竹匾上的茶青旋转着跳跃着，每一片似乎都是身穿绿衣的舞蹈小精灵。我也试了一下，这是我第二次手工摇青。第一次是 2017 年在溪源手工作坊，茶青散了一地。这次，我的协调性有了提高，进步很明显。

我还煞有其事地与赵家兄弟一起品味毛茶。"这茶不能喝下去，在嘴里过一下就吐掉。"他们叮嘱我。这过一下，只是辨识每一款茶在香气口感上的细微差异。不咽下去，也许是毛茶火气大，容易伤胃。我按照他们说的去做，究竟能分辨出什么，这些差异对以后的成品茶会有怎样的影响，我还不怎么懂，但他们对每一个环节的较真，也许就是赵氏兄弟的茶品质较好的缘由之一吧？

竹窠肉桂，人称"猪肉"，是我喜欢的武夷岩茶。因为喜欢，我对竹窠的人文历史地理作过粗略了解。比如山顶上有个庙宇，清代诗人朱彝尊曾登顶竹窠，在古庙和僧人一起喝过茶。朱彝尊有诗："云窝竹窠擅绝品，其居大抵皆岩坳。"又比如，清代的另一位诗人查慎行在康熙五十四年（1715）初夏，第三次到武夷山，不顾年高，挂着竹杖，到竹窠寻茶。后写四首《武夷采茶词》，其中一首为："绝品从来不在多，阴崖毕竟胜阳坡。黄冠问我重来意，挂杖寻僧到竹窠。"并且特别注解："山茶产竹窠者为上，僧家所制远胜道家。"

我还听武夷山茶友告诉我，传说竹窠岩茶还是昔日某位政要的最爱，1949年去了台湾以后，还辗转通过香港朋友买竹窠的茶。在海峡的另一边，每当他喝竹窠的茶，甚至只是闻到这款茶的香气，他内心会涌起怎样的一种思乡之愁呢？

竹窠周边是慧苑坑、流香涧、鬼洞、三仰峰，地理位置极佳。赵氏兄弟在竹窠有百来亩茶园，确实有点牛。

我问："山上那古庙还在吗？"

赵汉宏说："在啊，只是没有方丈了。"

我又问："当年姚月明他们种的茶树还在吗？"

赵汉宏又说："在啊。"

这一切对我诱惑很大，我说："我想去看看你们山上的茶园。"

兄弟俩说："好啊，那里风景很美，只是有一段很陡，你和殷老师行吗？上次有位'90后'年轻人也想上山，结果走到流香涧就走不动了。"

我说："我应该没问题。殷老师如果走不了全程，她可以在流香涧休息，你们找个小妹妹陪她就行。"

我们决定择日登竹窠岭。

5月10日早晨，郝小莹派车送我们至景区大门，赵汉宏他们已在那里等候。景区内除了茶农的车，不允许别的车辆入内。我们换乘赵汉宏的皮卡，行至上水帘洞的那个路口，就不能再向前。前面的路全凭两条腿走。

昨夜一场大雨，让山路湿漉漉的有点滑，好在殷慧芬有根竹杖，赵汉宏派了三个姑娘陪伴她，我对老伴说："姑娘们百般照顾，你满头白发，倒有点像《红楼梦》里的贾母。"姑娘们笑道："那我们是十二金钗中的三位。"

章堂涧、马齿桥、古崖居、鹰嘴岩……这条路我走过许多次了，今次又见，像是故友重逢，非常亲切。雨后的空气尤其新鲜，这一路山景、溪水、树木、花草真是百看不厌。尤其在这忙碌的茶季，茶农挑着担子背着茶袋在山间小路行走，更像是一幅独特风情画。

快到慧苑寺的时候，我看见一位并不年轻的摄影师卷起裤脚管，赤着脚站在溪流中，支着三脚架在那里守候。我打量片刻，方知他的镜头对准的是一座古桥，他这么做是为照一张从竹窠下山的茶农挑担过桥时的场景。我向古桥眺望，正有几个妇女背着茶袋从山路走来，上桥的那一刻，确实美若仙境。

到慧苑寺，因为疫情期间，大门紧闭。又因为是采茶忙季，门口堆放着不少箩筐。我几次到过慧苑寺，这样的情景是第一次见。

从慧苑寺左拐过桥，就是著名的流香涧。雨后，潺潺的涧水比平日湍急，氤氲的水汽弥漫在空气中，脸面觉得湿润润的，像是抹上了一层薄薄的护肤液。周边的茶树也同样被薄雾般的水汽滋润着，更显生气勃勃。

沿流香涧一直往前，可达九龙窠大红袍母树景区。往右就是竹窠茶区，右拐的山坡上竖着牌子，上面写着："非游览路线，游客止步。"

竹窠入口处是一个峡谷。连绵的茶树层层叠叠，一直延伸到很远的山里。那峡谷茶园有点像我曾经到过的牛栏坑。朱彝尊诗中所言："云窝竹窠擅绝品，其居大抵皆岩坳。"我想这就是岩坳吧？

沿岩壁行走，一步一景。悬丝般的兰草，不知名的白花，壁上流淌的泉水，都让人流连。

不时会遇见茶农挑担迎面而来，山路狭窄，我们会主动闪开让路。有时只顾看景，或者忙着拍照，茶农也会喊"让一让"，这时我觉得自己像做错了事，忙向对方打招呼："对不起。"我曾问过一位挑担的茶人，他一天要挑担五次，五次上山下山，每担百斤左右。

行走时，赵汉宏不时向我指东指西地介绍，远处是什么峰什么岩，近处哪一块茶园的老枞水仙是当年姚月明他们所种植。

终于到了行走最艰难的一段陡峭山路，铺砌的石阶每级很高，坡度有五六十度，直通山顶。赵汉宏把手里的树棍递给我："你就把它当登山杖吧。殷老师觉得有困难就在这里等。"

当年朱彝尊、查慎行登竹箦时也称"年时已高",我自信满满,自觉脚力决不会输于几百年前的先贤诗人。我说:"我没问题,殷老师要不就在这里休息吧?只是她们的午饭怎么办?"

原本我们计划在山顶用餐。赵汉宏略一思考:"两个办法,一个我们吃了午饭,打包带下来。另一个办法,我们下山时与你们一起回厂里吃。"

三位姑娘陪伴着殷慧芬还是上了台阶登了一段山路,行至半途,又觉脚力不济,对我说:"你们上吧,我们在这里等。"

我用树棍当拐杖,和赵汉宏继续登高,他不时向我介绍附近风景。登顶的那一刻,俯瞰山下,顿觉众山小,山涧峡谷窝箦那一丛丛茶树像是不同形状的绿宝石……我虽大汗淋漓,出汗量超过前几天的总和,却觉爽快无比。

正当我迷恋山色陶醉茶园之中时,背后忽然传来殷慧芬的声音:"你别动,我给你拍张照片。"我回过头,果真是她,惊喜万分:"你们也上来了?好好!"我向她跷起大拇指,连连赞叹。她也无法掩饰登上竹箦山顶的喜悦。

在竹箦山顶,一对年逾七旬的当代作家笑傲江湖。那一刻,我老伴那一头白发是绿色茶园的美丽点缀。

难得这一天不下雨,茶园里茶农抢时间一样采摘春茶,各种色彩的衣衫在绿色茶山中鲜艳耀眼。我和殷慧芬像孩子一样在茶山行走,与茶农对话,寻找当年姚月明的老茶厂和赵氏家族的老屋。旧房虽已斑驳,却见证了岁月沧桑。

吃了饭，喝了茶，我问："清代老庙呢？我要去看看。"

赵汉宏指了指后面："喏，这就是。"我走近细看，一堵墙用木柱支撑着，木制门窗却是用一块块细木榫卯结构拼接制作，纹饰非常好看。我跨进门槛，屋里空无一物，无佛像，更无僧侣，心中有一种莫名的失落。"挂杖寻僧到竹窠"，今已无僧可寻。

我抬头，看见屋顶一行正楷小字，记录此庙建于同治八年。朱彝尊、查慎行是康熙年间人，他们与禅师品茶之处是不是这个庙宇？我心存疑虑。赵汉宏告诉我，山里仅此一庙。屋顶文字所记也许是庙宇曾经被毁，于同治年重建。

当今虽"无僧可寻"，却仍有茶园满山。朱彝尊、查慎行登竹窠称"年时已高"，我粗粗一算，他们当年也不过六十有余。我们夫妇今日登顶，年龄比他们当时还大几岁。我难免有点自傲，即兴赋打油诗一首：

古有诗翁登竹窠，

只念奇茗茶一盏。

今朝后学步后尘，

为续旧缘觅旧踪。

山峻水回路千转，

水仙肉桂香万丛。

挂杖问禅不见僧，

喜看有茶满山种。

天心应家壑壑有茗

我第一次去武夷山"天心应家"是 2018 年秋天，茶友说这家的主人应魁寿、应建强父子做的茶，在武夷山天心村历次斗茶赛中获"状元"、金奖，是得奖专业户。茶友是因为应家的媳妇龙云是溪源人，同在溪源采茶做茶，一来二往，与应家就熟识了。

去应家，有好茶喝，当然求之不得。

"天心应家"在赤石村，过一家叫"武夷味道"的餐馆，抬头就可以看到他们家的招牌，竖写的行书，褐底白字，颇为醒目。那建筑是幢盖建不久的多层楼房，水泥墙。但天心应家的门面装修很有特点，砖雕和木制的披檐古色古香，像旧时乡里耕读人家的门楼。我曾多年行走老街、古村落，寻访明清建筑，这种古朴的风格让我喜欢。

二楼是应家待客处，沿楼梯而上，所见装潢更让我觉亲切。仿古门窗、木雕匾额、竹刻抱对、清代老家具、墙上的瓷板画乃至随处摆放的盆栽植物都显现满满的传统文化气息。更让我眼睛发亮的是一堵墙上布满天心村历届斗茶赛中应家获得荣誉的奖状、奖杯。

主人应魁寿已在茶室备茶静候，一身深蓝色土布衣衫，见我这个写茶的远方来客，他欢迎一番之后，尽以好茶款待，金奖水仙、牛栏坑肉桂，甚至他们家最牛的"壑壑有茗"，都让我一一品鉴。

"壑壑有茗"这款肉桂，在岩茶界"赫赫有名"。西斜的阳光透过雕花木窗映射在老应手中的小茶盒上，我发现铁皮盒的鸡油黄色泽，是一种皇袍的颜色。王者风范，从这色彩中已见一斑。

果然，老应一边拆包装，一边开玩笑说："我这泡茶的价格可以请一桌饭。"

我反应也够快："那今晚我请你吃饭。"

老应说："你到我这里，哪有你请饭的道理？"

谈笑之间，我想起南京艺术家汤国向我说过，武夷山做茶的，现在出门只要带一泡好茶，就可以让朋友请客吃饭！汤国说的茶，大凡就是指类似"壑壑有茗"这样的好茶。

闻香品茗、杯盏交错之际，老应向我介绍"天心应家"。

他说："黄贤庚你很熟是吧？他书上写到过我们应家祖辈。"

黄贤庚是我朋友，在《武夷茶说》中《善于把火的焙师傅》一章，他写道："武夷山知名的焙师傅有李乐林、祝赤姑、黄华友、陈远海、释悟高、应立炎、陈谨云、郑承对、林垂清等。"

这应立炎，就是天心应家的先人。

后来我在黄贤庚和武夷山别的老人那里了解到，应家祖籍江西上饶，民国年间，应立炎来武夷山天心村做茶，在芦岫茶厂打工，后来负责茶厂的茶山管理、茶叶生产。1949年后，应立炎置办倒水坑茶厂，自成一家。应立炎有三子，应魁寿排行老三，自幼随父亲学制茶，继承了一身好手艺，早些年在天心寺做茶，2002年为天心寺摘得首届斗茶赛"茶王"桂冠，2007年之后应家每年参加天心村斗茶赛，连年获"状元"、金奖等荣誉。应家的茶远近闻名。

黄贤庚还专门对我说："应家倒水坑的茶不错。"

这款让应魁寿自豪的"壑壑有茗"，产地就是倒水坑。

除倒水坑外，应魁寿对他们家别的岩茶山场也很骄傲。三坑两涧中，牛栏坑、悟源涧，核心产区的九龙窠、三仰峰、金交椅、杨梅窠、象鼻岩、下风楼、宝国岩等都有他们家的茶园。牛栏坑茶园总共20来亩，有茶园的茶农也就20来户，应家占一席之地，有其中一亩三分。

我去过牛栏坑。牛栏坑有岩壁石刻三处，"不可思议""虎""寿"，另一处就是"仰止"，刻有"民国十四年孟夏，浦城中学生旅行至此，校长苏吾楷识"等。"仰止"离地面高度约三四米，应家茶园就在"仰止"岩刻之下。他们在那里种肉桂、梅占等。

应家的茶青还有一部分来自溪源，那里是龙云娘家，黄柏溪源头，山清水秀，世外桃源一般的地方。2017年春天，我在溪源村与"闻茗手工茶坊"的茶师们一起做茶，为那里没有被污染的生态环境所深深吸引。应家有一款叫"竹里飘香"的茶，原料就是溪源山里的野茶。这款天然拼配的"大红袍"野味浓郁，隐含山林花果草木香，为不少茶客所青睐。

独特的山场是应家好茶的先天因素，但在应魁寿的制茶心得中，"用心做好每一泡茶"是第一位的。应魁寿认为一款好茶的诞生，天时、地利、人和，不可或缺。天气无法控制，山场客观存在，而茶人修炼到极致的制茶技艺，至关重要。

这样的用心，从应立炎那一代就开始了。

我很想听听应魁寿介绍他们在工艺上如何追求精益求精，这时，他手机铃声响了。听了一会，他打招呼："我有点事，我让小强来为你们泡茶。"便匆匆下楼去。

小强就是应魁寿的儿子应建强，"90后"，瘦瘦小小的，我一眼望去还是个毛孩子，不怎么在意，不久也匆匆告辞。

第二天我离开武夷山之前，一个叫晓梅的茶友约我去武夷宫、宋街。说起天心应家，她说，巧了，她和应魁寿同在一个读书会，与他也熟。我说："那好，我们去应家拐一下，我还剩一本《寻茶记》，送给老应吧，顺便跟他告个别。"这便有了我与应魁寿的第二次见面。

"这是我写的书。"我掏出《寻茶记》给他。他让我签名，然后迅速翻阅。书中有些人物他很熟悉，他有点感动："这书里你写武夷山有好多篇啊，黄贤庚、陈玉维……你都写了，什么时候也写写我们天心应家？"

我说："好啊，你们家在历次斗茶赛中得'状元'，本来就有内容让我写。可惜我马上要回上海，这次来不及聊了，下次来，我再找你喝茶。"

他连连说好。握手告别时，我开玩笑："你的名字取得好，魁寿，魁首，难怪斗茶赛经常得状元。"应魁寿哈哈大笑，塞给我两泡"壑壑有茗"，相约来年再见。

2019 年 9 月，我果然又去武夷山。再去天心应家作一次深入采访的念头，始终挂在我心里。

在武夷山逗留时，福州陶瓷艺术家茅丹，茶友汪征、欧扬等赶来与我会合，相约这天下午 3 点去龟岩拜访武夷名丛研究培育专家罗盛财。

中午时分，找地方吃饭，茅丹在手机上搜索，想找一家客人口碑较好的饭店，"武夷味道"跳了出来。茅丹说："就去这家。"

车在饭店门口停下，一抬头看见旁边天心应家的招牌，茅丹笑起来："那么巧？吃了饭我们就去应家喝茶。"

原来她之前曾为应家做过品牌策划，跟应家也熟。

我说我和应魁寿也有个约定呢。茅丹笑道："这就对了，有缘呢！"

应魁寿不在，应建强在。坐下喝茶时，小应说他爸去牛栏坑看茶了。他打开手机，让我看他之前拍的录像，说他爸常在山里茶园转。我看到手机屏幕中，"仰止"的岩刻下，茶树在风中微微曳动，一个身穿蓝土布衫的汉子在岩下行走，那人正是应魁寿。

应建强这个"90后"的茶人，比我去年见到时壮实了许多，沉稳成熟了许多。茅丹告诉我，当初应家来找她做品牌策划的就是这个毛头小伙子，一开始她也很意外，后来知道他是应家第三代当家师傅，对怎么做好茶很有想法，对他刮目相看。

茅丹这么一说，我才知道这个貌似稚嫩的小伙子是武夷山年轻一代中的做茶好手，擅长做青与焙火，与他父亲一起为应家在斗茶赛中屡获殊荣。

后生可畏，我深觉一年前对他的忽视是个错误。

应建强为我们泡茶，金奖水仙、花木兰、牛栏坑肉桂。岩韵花香，款款好喝。

我说："你父亲上次请我喝过'壑壑有茗'。"

小应说："那比我们获金奖的茶都好。"

我问："这些茶都是你做的？"

小应说："早些年我爸和我一起做，2013年，我开始接手。

但是好的茶，特别是斗茶赛的选茶，我爸在吃火标准等方面一直跟踪把控。他说要让客户放心，品质是关键，来不得半点偷工减料，只有自己喝满意了，才能征服客户味蕾。"

应魁寿平生唯茶是爱，每年参加斗茶赛，就像一年一度的华山论剑比试，你追我赶，稍有松懈就被别人超越，这就要求一直保持认真严谨，来不得丝毫懈怠。千载儒释道，万古山水茶，应家父子孜孜以求的就是让应家的岩茶活甘清香、味感醇厚，山筋水骨的韵味持久长远。

将门虎子，如今"用心做好每一泡茶"，已经由应建强传承。一种使命感使他觉得：当家，不只是受父辈的荫蔽，而是努力让自己更优秀。

应建强说了他们家那款"竹里飘香"。武夷山的茶有几百个品种，每种不一样，因此工艺也必须有区别。武夷茶人都知道有"勤肉桂懒水仙"之说，就因为茶叶叶片厚薄不同。肉桂蜡质感强，必须花力气勤摇。水仙叶薄，摇青就不能太重。"竹里飘香"的制作工艺，他们摸索了多年，原因就是因为茶青来自溪源山里的野茶树，一桶茶青里往往混杂着几十个的品种，叶片大的小的、厚的薄的，做青过程中让每片叶子在同一时间发酵，很难把控。

"这就考验我们制茶师傅的水平了。"小应说着，嘴角浮起自信的笑容。

不知什么时候，应建强的妻子龙云出现在门口，含笑看着我们，山里姑娘一如既往地淳朴。

我发现她挺着肚子，怀孕了。我的第一感觉是天心应家又将有传人了。

从应立炎开始，龙云腹中的孩子是第四代了。天心应家，鋆鋆有茗，代代相传，多好。我默默祝愿。

文富本是读书种

2019 年 9 月，我在武夷山。茶友徐谦问我准备待几天，怎么安排，我说想抽半天时间去暨文富家里看看。

我不知为什么对这个瘦小、见人有点腼腆、不爱说话的年轻茶人有几分牵挂。

文富家在黄村，徐谦说他可以带路。

与文富相识是在 2017 年 5 月。

那年徐谦告诉我，他们在武夷山黄柏溪源头一个叫溪源的小山村建办了"闻茗手作茶坊"，有三个合伙人，除他外，还有慧相和暨文富，欢迎我去看看。

我见过慧相，姓韩，是北方某大学教授，却不认识文富。

徐谦原先是江西矿里的职工。做茶，对韩教授和他，似乎是个新课题。于是徐谦说，茶坊的选址、建造，购置设备，做茶，在许多方面都得依靠文富。

我之前听徐谦说过文富的故事，喜欢书法、竹刻、石刻，挑过货郎担，能做一手好茶，少年时因为生计不得不中途辍学。

我答应去看他们的手工茶坊。5月22日，他们做茶的最后两天，我赶到溪源。那天我目睹了文富如何做茶，在室外晒青架上推水筛，茶青入做青间后轻摇、并筛、赶水、重摇，烧火之后磨锅、炒青、起锅、揉茶，乃至最后的打焙……每个环节似乎非他不可。到武夷山很快与茶人们融为一体的韩教授，在不少制茶环节已能上手参与，而徐谦似乎还插不上手。

溪源偏僻，无旅舍，这一夜我只能与茶工们同宿阁楼统铺。楼梯既陡又窄，徐谦陪我上去，让我睡文富的铺位："估计今晚他又没时间睡，你就和衣睡吧。待会生火的时候，我再叫你。"

别的茶工在每道工序间隙可轮流打盹，而文富一夜无眠。陪伴他的是始终醒着的茶。

第二天一早，离别时，文富他们给了我两袋茶，一袋红茶，一袋单株大红袍，都是全手工制作。文富给我看手机上他那刚出生三个月的儿子的录像，说："茶季一忙，我就没见过他。真想他。"我看到他眼角有泪花。

与文富第二次见面是在上海。

2018 年，我的《寻茶记》出版，上海人民出版社 8 月 20 日在上海书展举办首发式，福鼎、南京、苏州、常州、扬州、宣城、贵阳等地的茶友纷纷自发前来捧场，武夷山更是来了 8 位茶友，组团助威。徐良松、韩教授、徐谦夫妇、六姐、元魁父子，自然少不了文富。文富也许是第一次从山里来上海，话依然不多，怯怯的，连拍合影照时也悄悄地站在一边。我在书中没有单篇专门写他，只在《夜宿溪源村》一文中，有几段文字写到他，他很高兴。

签书被安排在中午，人山人海，我忙于签书、接受采访，应接不暇，一时顾不上很周全地照应他们，只能首发式落幕后在嘉定宴请这些山里朋友。杯觥交错之中，文富依然腼腆。徐谦曾经提议，希望我能有更多笔墨写写他们的这位首席制茶师。我想与文富有多一些交流，可要从他嘴里挖一点我想知道的故事、细节，似乎很难。

书展结束后半个月，我应邀去福州、福鼎、武夷山等地签书。在武夷山黄柏溪畔祖师岭果园村与文富第三次见面。

果园村有一家兄弟饭店，我每次去，徐谦和韩教授他们都请我在这家饭店吃饭。四周是连绵起伏的茶园，远处有山，近处有竹，晚饭前后看晚霞落去星月冉升，景色像是饭桌外的另一道佳肴。

吃饭之前，徐谦拿着我写的《寻茶记》，凑到饭店老板面前："看看，楼老师把我们的祖师岭写到书上了。"老板看到目录中真的有《夜访祖师岭》的篇名，高兴地叫起来："真的呢！这下祖师岭出名了！"

开饭前，韩教授给我礼物，是木盒装小罐精制手工单株大红袍，木盒上烙刻着"闻茗手作茶坊"图像和文字。我喜欢不已，请韩教授他们签名留念。

韩教授谦让："这茶是文富做的，我们签，不合适吧？"我说："你，徐谦，文富，都签。"文富在韩教授和徐谦之后也签了，签在最旁边。

文富也给了我礼物，那是大红酸枝雕刻的一个摆件，两只栩栩如生的鸡，一大一小，相互凝目，款款含情。他说，他与我是在鸡年相识的。我听了，有点动情，平日寡言少语的他，是个有心人。

晚饭时，众人的话题自然离不开茶。徐谦问我："去年的单株大红袍喝了没有？"

我说："没啊，武夷岩茶不是都说要隔年喝吗？"

他们笑起来："那是指经过复焙的岩茶。我们给你的茶只经过初焙，你要把它当新茶一样喝掉，不然隔年就泛青。"

我说："武夷岩茶我没有喝当年的习惯。那怎么办？"

一直没吱声的暨文富这时悄声对我说："也怪我当初没对你说清楚。现在不知道能不能弥补，回上海后你把这茶快件寄我，我再复焙试试。"

我望着他点点头。

回上海后，我找出那茶，泡了一壶，果觉生涩，赶紧打包快递发送给文富。

我知道文富做茶的认真，他说过："茶叶是有生命的，做茶的人爱茶就要像爱自家小孩一样。"我也听说过"暨式单株焙茶法"：很考究地在焙笼底部垫嵌篾片，有利于空气流通，还在焙笼上方用两层宣纸覆盖，开大小孔以调节散热和透气，增强茶的活性。

这种焙茶方式是文富在实践中摸索着创造的，费工费料。我对文富说："皇帝不差饿兵，复焙的费用，千万记得实话告诉我。"

半个月后，我收到了文富寄来的快递。他不但执意不收我一分工料费，而且还额外多寄了一盒他做的炭焙纯种大红袍，是他们家在斗茶赛时的得奖茶品。

我无语良久。这时我注意到寄件人的地址是武夷山黄村。

黄村位于九曲溪上游，是武夷山风景区腹地，自古就是武夷山茶叶的集产地之一。刚学会开车的徐谦很认真地把着方向盘，沿途见有刻字的石碑，他告诉我："这是文富刻的。"故意把车速放慢，让我拍照。

黄村很美，九曲溪如玉带逶迤，两岸树林倒映水中，与远处山峦媲美。茶园、农舍显现着山村特有的朴实和静谧。通向村里的小路车不怎么好开，徐谦在溪边停车，文富已等候在那里。我被景色迷恋。徐谦说："有一首歌《寻茶到黄村》，说的就是这里。那歌词：'寻茶到黄村，万亩茶山哟。九曲溪的源头，恋恋不舍哟。寻茶到黄村，万里茶道哟。武夷山的福地，念念不忘哟……'黄村可是福地啊！"

我们没有马上进村，先在溪边转。两年前，我与文富在黄柏溪的源头相识，如今又在九曲溪的源头重逢，这不能不说是一种缘分。

九曲溪沿岸树木葱茏，初秋的傍晚水面被斜阳照得波光粼粼，微风吹来丝丝凉意让人感到清新的惬意。一棵大树上爬满了淡黄色的寄生物，我说不出这种植物是什么，只记起有一年我在云南香格里拉普达措公园也见过大树上的寄生物，当地朋友说那是因为环境好、有一定的湿度所滋生的。由此联想这黄村的生态应该是不错的。

沿田间土路进村，我左右顾盼，茶园、菜园的蓊郁像涂了绿油，间或见一棵柚子树，果实累累。进了村子，路是水泥和着卵石铺的，农舍黄色土墙原始古朴，墙脚有四五只肥硕的母鸡专注地在水沟里觅食，偶尔还能见到堆置的旧农具……似乎一切都原汁原味。村里有个小庙，两块石碑是清代咸丰年刻的"禁赌告示"。由此可见百余年来黄村村风。

2019年正是己亥猪年，村民家门口褪红的春联很有乡味，比如"巧剪窗花猪拱户，妙裁锦绣燕迎春"，有点干脆就四个字

"猪是财神"，大白话，直言不讳。

拐入一条土路，往前就是文富的家。和这里的大多数人家一样，黄泥糊的土墙，有几十年了。旁边一间小屋是他家的焙茶房，简陋、略暗，有个年轻人正在用心理茶，文富说那是他弟弟。

文富家的屋子不算小，木结构，泥地，屋顶有个大窟窿，我不知道是瓦板被风吹了，还是主人故意留个洞用来采光和通风。如果刮风下雨怎么办？我没细问，我想也许我这一问会让主人有一种捉襟见肘的窘迫。

有竹梯可登阁楼，我登梯瞥一眼，上面堆的物件不少，有几个口子扎紧了的蛇皮袋，鼓鼓囊囊的，不知是不是与茶有关。光线从外面照进来，一片白光在暗暗的阁楼里亮得耀眼。那不是窗，而是一堵没砌的墙，阁楼的透光通风处。

下了竹梯，文富唤我喝茶，我却仍在屋里转悠。我看到斑驳的墙上挂着的书法作品，有楷书有篆书。徐谦说："那是文富花钱买的，我们劝过他，这些东西不便宜，别买了，可他不听。"

文富却在一边嗫嚅着申辩："我觉得这字好，我喜欢书法。"

我还看到一张桌上堆着的几本书：《朱熹书法选》《澄衷蒙学堂字课图说》等。书下的一张毛毡，有墨痕，那是文富写毛笔字时透过宣纸留下的。

坐下喝茶的时候，我本想听文富说说他的经历，他还是躲躲闪闪的，说不真切。他给我看他的竹木雕刻作品，那神情还是那么谦卑。

也许，言语这时确实多余，眼前的一切都似乎已足够让我感受文富本应是读书郎。我莫名地想起我的少年时代，我曾也差点辍学，不禁眼眶有点湿润。

我没见到文富的孩子。文富说，他老婆又生了一个。两个孩子和他老婆都在娘家。

离别时，文富望着我，那神情真像他送我的红木雕刻摆件上那只小鸡。

我握着他手，祝福他，祝福他的两个孩子将来不再因为贫穷而中途辍学。

竹里飘烟五里坑

又去"天心应家"喝茶。那是 2020 年 5 月，我在武夷山，应魁寿的邀请。应魁寿的儿媳龙云见了我，喊了一声"老师"，就让我们在茶桌前坐下。笑问："喝什么茶?"

我说："你们家的'壅壅有茗'喝过了，'金奖水仙'也喝过了。"

她马上接口："那就喝'竹里飘烟'。"

"竹里飘烟"是溪源的野生茶。溪源是龙云的娘家。我去过黄柏溪源头那个荒僻的山村。我啜着那厚稠的茶汤，觉得"竹里飘烟"其实更是竹里飘香，野山的气息是那么浓郁。三年前我去溪源的那次，已是夜晚，与文富、慧相、徐谦他们通宵做茶，第二天一早又匆匆赶去桐木关挂墩，错过了深入溪源看野生茶的机会。我问龙云："你能告诉我，这款茶产自溪源哪里？"

龙云说："从村里往山里走，来回一个半小时。这茶长在一个叫五里厂的山岙里。"

"为什么叫五里厂？"我问。

龙云说不清，只说那里的风景很美，一片竹林，风一吹，有轻烟在飘一样。

应魁寿在一旁，问我这茶怎么样。我说好喝，有一种野味。

我喝着茶，想象着溪源深山的风景，萌生了去看一看的念头。我想去的另一原因是，那里有我茶友的"闻茗手工茶坊"。尽管茶坊当家人之一慧相教授因为疫情还被困在北方某大学。但文富和徐谦都在。茶季忙，他们出不来，但我总得抽空去与他们会个面。

慧相不在，茶坊的人手更是紧张，我听说文富全家都从黄村搬到溪源来住了，徐谦不但把刚从大学毕业的儿子拉去当帮工，还让夫人梅子常常为他们做点后勤工作。他们的朋友六姐显示了她女强人的一面，多次开车把碧石岩采的茶青运去制茶。山路不好开，慧相开车都迷过路，真难为了这个小女子。

离开天心应家，我与梅子联系，问她："徐谦父子在山里做茶，你什么时候去探亲呵？"

梅子笑说："楼老师来武夷山了？欢迎啊！徐谦和我老夫老妻了，说什么探亲啊？"

我说："他们做茶忙，我来了总得去看看他们吧？你什么时候去溪源，我们搭车啊！"

梅子乐了："你啥时想去，说一声，我开车。"

5月11日，一早我们就坐梅子的车去溪源。

得知我们来，徐谦在村口等候。梅子把车停妥，对徐谦说："我又给你们带菜带鸡蛋来了，还有油盐酱醋，你搬到屋里去。"

做完这些事，徐谦说："听说你们来了，我真愁太忙，怕是这次见不着面了。没想到你们来了，真好。"接着又问："今天怎么安排？"

我看看时间才10点半，说："上次没到山里走走，挺遗憾的。今天去山里看野生茶树。听龙云说，这里有个五里厂，有好多野茶，一片竹林，很漂亮。"

徐谦说："是的。用不着爬山，只是有点坡度，沙石铺的村路，坑坑洼洼，不怎么好走，一直通到五里场。"

梅子说："我也一起去。我有位外地茶客说手工茶坊的单株大红袍好喝，他想承包一棵百年野茶树，我要去找找，拍张照片发给他。"

四个人就这么上路了。殷慧芬问："为什么叫五里厂？是不是那里原来有个什么茶厂？"

徐谦笑了："是叫五里场，广场的场。"

殷慧芬又问："那里有个广场吗？茶农也跳广场舞？"

徐谦又笑："这地方原来叫五里坑。后来有人觉得这个'坑'不好，坑人、坑害，都是这个'坑'字，就改叫五里场了。山里哪有什么广场？"

我说："五里坑，这名字很好。为什么改？武夷山不是有牛栏坑、慧苑坑、倒水坑、大坑口吗？好茶都在坑里。安徽太平有猴坑，浙江淳安有鸠坑，都是出好茶的地方。"

徐谦有点愣愣地瞅着我："哎，被你这么一说，还真不该改。"

我说："对啊，这个坑，对你们做茶人，不是坑害人的坑，而是出好茶的金坑银坑。"

徐谦频频点头，连称："我们怎么没往这上面想？对啊，金坑银坑啊！"

我建议说："你们赶紧去注册一个'五里坑'的商标，就说'武夷山不但有牛栏坑、慧苑坑，还有溪源五里坑'。多好的广告语啊！"

说话不忘看景。沿着黄柏溪向山里走的途中，风景很养眼。两岸茶树绵延，间或有不知名的野花点缀其间，红得艳目。

黄柏溪两岸茶树有两类，齐齐整整的一片片茶园是人工栽培的，而由着自己性子、想怎么长就怎么长的大大小小高高低低的，则是野生茶树。静寂的山野里我忽然听见有机器声，我循声远望，左侧溪对岸茶园里有三四个人在用机器采茶。隔着溪流，我过不去，隐约见到一人提举着装有小马达的割刀，像剃头似的沿着茶园垄间推刀慢行，另两人则张开着一个大袋口，盛装剃下的茶叶。

连采茶都机械化了。我知道现在采茶人工成本高，但是这种机器采摘的茶能保证品质吗？我心存疑惑。第一它不在岩上，第二传统的武夷岩茶是有采摘标准的，必须一芽三叶，而且连叶子开面的大小、采摘的手法、顺序都有要求。机器采摘能达到这些标准吗？

机器采摘的茶大凡成片的台地茶，即陆廷灿在《续茶经》中所说的"洲茶"。正岩许多地方的茶一棵棵像盆景一样，生长在岩石边，毫无规则可言，想用机器采摘也难。有的百年老枞，采摘时还得爬在扶梯上呢！溪源的野生茶也是这样。这不，我走几步就看到右侧山里的野生茶树，正有茶农双手采摘着，鲜艳的衣衫成了绿树丛中的亮点。

沿途，有茶农从五里坑采茶回来与我们迎面而过，她们笑问："吃午饭了，还去山里啊？"

我笑笑："去五里坑看茶。你们这茶是从五里坑采的？"采茶女点头称是。

也许我们真的有点痴，有茶有风景看，吃饭似乎不重要。

再往前，一片竹林呈现在眼前，青翠色彩与苍郁野生茶树叠现出不同层次的绿。风吹过，随着竹林轻拂的声响，与天空相接处真有绿色轻烟飘浮。此情此景，我想起天心应家那款"竹林飘烟"茶名的来历。

砂石铺就的村路到了尽头，就是五里坑。一面是奔腾不息的溪流，水声潺潺，真是好听，水越过岩石时，声音却突然昂扬，岩石像是交响乐中一个高亢的音符。我拍了段视频，徐谦说："你什么音乐都别配，这水声、风吹竹林声就是最动听的乐曲。"

五里坑另一面是满坡野茶的山岭岩壑。我们情不自禁与这些形状各异参差不齐的茶树亲近。殷慧芬一身土布衣、手持不知什么时候采摘的野花。红花和满头银发更丰富了绿色山林的色彩。而我却感慨，自由自在，率性而为，彰显个性，不仅对人，对奔放纵情的野茶树也难能可贵。

就在我们流连山水之间时，梅子一个转身不见了。我想起她说过要去找那棵百年老茶树。

"由她去，我们喝茶。"徐谦说着从挎包里找出气体炉和茶具。那茶是他们去年做的手工单株大红袍。他说，这茶就采自我们此刻所在的五里坑。

用燃沸的溪水冲泡野茶，与"竹里飘烟"一样，一股山野特有的茶香扑面而来。要说区别，徐谦他们的单株大红袍像是一个人的独唱，而应家的"竹里飘烟"则像是男女声合唱，还有乐器伴奏，更加雄伟厚重。两者共同的是肆意绽放的无拘无束。

再说细些，每棵单株大红袍也各不相同。我有个茶友曾向徐谦他们承包过三棵单株，有的产成茶才几两，有的斤余，口感也不同，产量少的那株滋味最好。单株即使"独唱"，也分高音、低音，男声、女声。也许，这就是单株茶的个性。行笔至此，我忽然想闻茗茶坊的年轻茶人们，除了做单株茶外，是否也可混合五里坑多棵茶树，拼配着做高山野生大红袍，就像一台演唱会，除了独唱，还有大合唱，甚至有交响乐，让节目内容更为丰富多彩。

梅子从茶树林中出来，见我们坐在岩石上傍水品茗，开心地说："景好茶好，你们真会享受啊！"

几盏茶下肚，腹中更是空落落地发出"咕咕"声响，像是在催我们回程。

回村的路因为下坡，我们走得快了点。黄柏溪的对岸，机器采茶还在继续。因为去过五里坑，听过风吹竹林、溪水流淌的大自然美妙乐音，这机器声音此刻就显得不那么悦耳。

有人曾对我说："现代化了，采茶做茶用机器也无可厚非。比如有汽车了，你干吗还用腿走路？用腿走，不但慢，而且累。"

这话不全错，但也不全对。汽车到不了的地方，你总得步行！即使汽车可以到达的地方，现在有人也更愿意行走。我走过新西兰库克雪山步道，日本四国世界文化遗产88所庙宇的朝拜步道，那种用迈开腿大步走的淋漓酣畅和对大自然、对历史文化遗产的敬畏虔诚，是只依赖现代交通工具的人所无法体验和感受的。做茶也一样。

不知不觉又到了"闻茗手工茶坊"，2017年茶季，茶坊刚开始做手工茶。那个夜晚，我与茶农一起手工做茶的情景仍历历在目。一晃第四年了，他们仍然坚持着。

昨夜通宵做茶的文富和徐谦的儿子正在晾青架上推着水筛，我们上前搭了搭手，象征性地也算又体验了一回手工茶。

午饭后，我与徐谦、文富告别。我们合影留念，背景还是老地方，少了一个慧相，却多了个文富怀抱里的婴孩。那是文富的二宝。2017年那次，文富的妻子刚生下大宝。三年以后，二宝都那么大了。人与物都在成长着，"闻茗手工茶坊"也是。

妹妹卖茶哥种茶

一首"妹妹你坐船头，哥哥在岸上走"，脍炙人口。本篇要说的，是妹妹在福州卖茶，哥哥在武夷山种茶的故事。虽然没有"恩恩爱爱纤绳荡悠悠"的情爱，却也有"汗水洒一路"的感人。

妹妹叫林贵英，是福州"国裕号"茶业公司总经理；堂哥张森楼，是武夷山世进茶厂掌门人。看官也许纳闷，既是堂兄妹，为什么一个姓张，一个姓林？我一再追问，终于明白，原来因为家里贫穷，张姓贵英的父亲自幼就被送到林家抚养。深挖下去，这也许又是个"泪水在心里流"的辛酸故事。

我先认识妹妹林贵英。

我有几位朋友在苏州吴江经营一家叫"行家"的企业，副总刘国斌有一回来我们家，带给我礼物是林贵英"国裕号"的茶。刘国斌说，"国裕号"的茶，性价比高。

我在武夷山结识的茶人不少，"老喜公"的后代、"老满公"的后代与我都相交甚笃，喝武夷岩茶我一开始就是芦岫老枞、牛栏坑马头岩肉桂，起点很高。因此说实话，我没有太在意"国裕号"的茶。

后来我去吴江，临别，"行家"总经理孔卫红女士有茶相赠。还是"国裕号"的茶，只是包装与刘国斌赠的不一样。瓷罐，一罐为红牡丹图案，罐上标"原生态红茶"，另一罐图案为空谷幽兰，标签为"武夷正岩大红袍"。这后一罐的茶滋味，饮后齿龈留香，回味润远，类似牛栏坑肉桂，又有些许不同。究竟是哪个坑涧？不知道。对品种及山场要究根问底的我，喝着空谷幽兰瓷罐的武夷好茶，却不知产自那块山地，心里总觉遗憾。

2014年9月，我去福州拜访茶界泰斗张天福。孔卫红在朋友圈中看到我行踪，关心地说，在福州若有什么需要，可找"国裕号"林贵英和她先生梅之凌医生。果然，梅医生不一会儿就来电问我："要不要接站？什么时候来'国裕号'看看？"

那是我第一次去"国裕号"。林贵英正怀孕，挺着肚子，笑嘻嘻的，长得很喜气。言谈之中，得知被送养林府之后的贵英，长大后仍受到大伯张世进的影响，高考时，选择了福建农林大学茶学专业。

这个选择，决定了此后她的一生。

大学毕业以后，林贵英被分配到厦门茶叶进出口有限公司，负责市场调研和采购。在林心民、陈志雄、陈美柑等资深老茶人的引领下，她很快掌握和积累了对茶叶的品管经验，获得了国家一级评茶师的资质。对乌龙茶，她喝一口便能辨别优劣，尤其对各种武夷岩茶的品质更是了如指掌。

厦门茶叶进出口公司创建于1954年，以生产加工和进出口乌龙茶而著名，我家中至今仍藏有上世纪九十年代末这家公司生产的水仙，很大的绿皮铁罐，比当今流行的小罐茶大气了许多。林贵英当年在厦门茶叶进出口公司供职，是一个很不错的"饭碗头"，待遇也不低。

"后来为什么舍得离开这家著名企业？"我问她。

林贵英笑笑，看了看挺着的肚子，稍有羞涩地望了一眼梅医生："他在福州。我不过来，我们就得分居两地。"

原来是爱情的力量。

这个在"岸上背纤"的情"哥哥"原来是梅之凌！我也把目光投向梅之凌，个子并不高大、戴着眼镜、斯斯文文的一个年轻医生，一用力就把林贵英的"船"，从厦门拉到了福州，还真有劲道。

如今，爱情的种子已有丰硕果实。这果实，除了贵英腹中的孩子，还有"国裕号"。

到福州后，林贵英心里还是放不下茶。2006年，她走过一家小店，见门口贴着"本店转让"的字牌，进店问了情况，然后果断盘下来。林贵英从此有了一家自己的小茶叶店。她开始构画自己的事业蓝图。"从一开始，我就想拥有自己的品牌。"她说，盛世饮茶，由唐宋想到饮茶盛行之时即是国家昌盛之际。茗风鼎盛，国泰民裕，"国裕"由此诞生。

"为什么后面又加了'号'呢?"我问。

"那是让人们有一种历史感。"她笑笑。

光看"国裕号"三字，我还真以为这家茶叶店从民国演绎而来呢! 谁知，她的掌门人是两位"80 后"的年轻人。

2014 年，"国裕号"从小茶叶店已发展到一定规模的中型茶企，有试茶间，也有焙房。我在那里，有各种茶喝，马头岩的肉桂，矮脚乌龙，老枞水仙等等。我一一品尝，仍没找到"空谷幽兰"瓷罐茶的味道。也许他们用过的、不断更替的包装太多，我说不清，他们也记不真切。

凭着林贵英多年的经验积累，"国裕号"选的茶，口味相对稳定。在保证企业合理利润的前提下，尽可能让产品价格大众化、亲民化，是林贵英的经营理念。

"你们有自己的基地吗?"我问。我想，有自己的基地应该是保证茶味相对稳定的重要条件。

林贵英告诉我，她出身武夷山，武夷山至今仍有许多亲戚在种茶做茶。她说到了伯父张世进和堂兄张森楼。

2018 年 7 月，梅之凌来上海看我，他随身带的一泡"幽兰"，又让我想起那蓝色瓷罐的茶。听我细述后，他开始在脑际搜索。沉吟半刻，他说："会不会是刘官寨的肉桂?"他向我描绘刘官寨和在那里种茶的张森楼。

刘官寨遗址位于鹰嘴岩西北三里左右，四面峭壁，中间平坦，形成幽谷。据险扼要为武夷山古寨的特点之一，相传南宋将军刘衡归隐故里后与儿子刘甫带领乡民在此建寨，就是因为山谷险要，地势易守难攻，可抵御外敌入侵。之后，乡民为感念刘氏父子御寇护乡、造福一方的功德，将此处名为"刘官寨"。

天心村茶农张森楼有茶园在水帘洞和刘官寨。相比水帘洞，刘官寨更远，山路也更崎岖。因此那里游客一般不会去，环境更为生态、原始。茶树在人迹罕至的山谷里自然生长，吮吸着那里独特的岩骨花香。

梅之凌说："你去刘官寨，会觉得那里茶树生长的环境很像牛栏坑。现在去牛栏坑的人多了，而去刘官寨的还很少。"

两个月后，我去武夷山。到的那天，恰好梅之凌也在，不巧的是，他正要回福州。"你怎么不早点说呢?"他抱怨我，又说这次一定要我去张森楼茶厂看看，"让堂哥给你泡几壶好茶。"

第二天下午，张森楼来接我。我终于见到了传说中的在武夷山种茶做茶的哥哥。与林贵英有着血脉关系的张森楼长得比她的"情哥哥"梅之凌高大威猛，浓眉大眼络腮胡子，很有点江湖气。

9月，武夷茶人的忙碌还没结束。到了张森楼的茶厂，拣茶的拣茶，焙火的焙火，那种节奏让我感觉他的茶还卖得不错。二楼，是张森楼的办公室，茶桌是他的办公桌。每天，他用茶接待四方来客。这天他给我喝的是牛栏坑肉桂、牛栏坑北斗、刘官寨肉桂，都是当年茶。

我还没比较出这泡刘官寨肉桂究竟是否有那罐空谷幽兰的滋味，却来了一波男男女女，叽叽喳喳，七嘴八舌，说话的嗓门又很大，顿时少了许多雅兴。我只得起身告辞。

送我回宿地的是张森楼的妻子，很客气。我说："我们后会有期，有机会我还想去刘官寨看看。"

几天后，我从武夷山辗转至福州。梅之凌和林贵英一定要我挤出半天时间去"国裕号"坐坐。我恭敬不如从命。到了那里，发觉当年贵英肚里孕儿，如今已是个可爱的 4 岁女孩，"国裕号"也再次鸟枪换炮，公司搬进一幢别墅，屋前一堵白墙上写着"茶养"两字，非常醒目。这抑或与梅之凌的医生职业相关，把饮茶与养生结合在一起。

坐下喝茶时，我念念不忘的是那款在张森楼厂里意犹未尽的刘官寨肉桂。林贵英笑了："这茶昨天刚到，60 多斤，已被客户拿走了一半。武夷山两家著名茶企在刘官寨也有茶园，这款茶应该是不差的。"她说了那两家企业，果然名气不小。

"同样一款刘官寨肉桂，那两家企业的价格也许更贵吧?"我问。

梅之凌在一旁说："那当然。'国裕号'比他们小，各种成本比他们低，因此，买我们的更便宜。刘国斌说'性价比高'，是有道理的。"

林贵英给我们泡"刘官寨肉桂"，第一道汤色橙黄透亮，入口舌喉被茶香围绕，很润爽。第二道汤色稍深，入口稍浓，有桂皮和乳香，回甘生津。第三、四道，滋味愈醇，岩韵明显，我背心沁出微汗，全身有点热。至第六、七道，冲击力稍弱，淡淡的清甜中可品出我喜欢并熟悉的木质感。这内在的木质滋味，正是当年空谷幽兰瓷罐茶留给我的难忘记忆。一泡红标"官肉"喝罢，酣畅淋漓，给台风即将来临的阴霾的晚夏午后增添了难忘的愉悦。

听说我在武夷山刚去过观音岩，梅之凌说："哎哟，经过广陵亭，往另一方向走就是刘官寨了。"

林贵英给我看刘官寨的照片，说："我哥的茶园就在山谷之中。"

"你哥种茶你卖茶?"我笑着看她，她比四年前稍瘦，长得比那时更清秀。

她含笑点头，沉浸在哥哥种茶妹卖茶的欢喜中。

林贵英的照片中，张森楼的茶园四周岩峰环抱，高处还有古寨石门遗址，青苔爬满石阶，红色的摩崖石刻"刘官寨"三字在阳光下醒目可见。坑涧层层向上，时宽时窄，茶树依山势而长，草木在崖缝中顽强生长……那地势真有点像牛栏坑，怪不得那里肉桂的口感有些接近"牛肉"。

香合水

　　"香合水"是一款武夷岩茶的名字，也是天心村年轻人组建的一支篮球队的名字。

　　2020年春天，我在武夷山访茶，阿松给我一盒"香合水"，告诉我这是他和篮球队的队员们一起做的全手工茶。接过这茶，我感觉到有篮球场上的奔跑和跳跃的气息，还恍惚听见运球时篮球撞击地面的"砰砰"声响。

　　那是一款有青春活力的茶。

　　"香合水"这支球队是由阿松组建的。与阿松分手后，我一直期盼着有机会与他再聚，听他讲"香合水"和篮球队的故事、相关人物，乃至细节。

　　阿松是武夷山市篮球协会副会长、天心村篮球队领队、"香合水"篮球队队长，打篮球在当地颇有名气。有时我在朋友圈里发几条关于阿松的消息，立马就有人留言："这人是打篮球的。"入秋后，阿松的妻子陈林萍发微信，说球队在比赛中又取得了好成绩。我想见这批武夷山茶人运动员的心情更加迫切。

11月，天心村举办斗茶大赛，陈林萍买了100本我写的《寻茶记》，说是要在现场为自己的茶助威。我得知后去武夷山为她买的书签名。我也想看看斗茶赛盛况，更想和老朋友叙茶，其中包括找阿松他们聊聊"香合水"。

天心村的斗茶赛让阿松和陈林萍忙得走油。阿松向我叙说"香合水"，可谓是见缝插针、零打碎敲。我大体了解到这款"香合水"茶已经做了三年。阿松在球队中司职后卫，是组织攻防的核心。在做这款手工茶的过程中，也是发起人和组织核心。

一起做这款茶的篮球队员还有余志坚、郑国虎、郑云峰、陈聪。郑国虎是我在《蓝天下的武夷山》一文中写过的蓝天救援队队员阿虎，算是我的老朋友了。另外几个我还未曾谋面。阿松介绍他们时说："个个都是做茶好手"，不乏自豪。

阿松的老丈人陈玉维是武夷山"民国八兄弟"之一陈金满的长子，做茶有口皆碑。阿松传承了老丈人的好手艺，做的慧苑老坑肉桂、芦岫岩百年老枞"虫王"，在市场上都获得称赞。一款名为"村花"的鬼洞名丛，2020年刚做完就销售一空。他做的茶在各种比赛和茶博会中连连获金奖。他们家藏的老茶，更是受大家青睐，连一起做茶的余志坚也忍不住向他要过"九五大红袍"，因为余志坚的老婆是 1995 年出生的，要一罐，是为留作纪念。

1991 年出生的余志坚，在篮球队司职盯人后卫，人称"猫王"，这是因为他在武夷山马头岩一个叫猫耳石的地方有茶园，而且在他所做的茶中，卖得最贵最好的，茶名就叫"猫王"。

余志坚的祖辈从外地迁入武夷山，在马头岩落户。祖父生有七子，余志坚的父亲是老七，与老大年龄相差二十来岁。余氏家族大多以种茶做茶为业。余志坚家里在猫耳石、马头岩等山场有五十来亩茶园，父亲是一名出色的焙火师傅，在别人的茶厂做茶，自己家的茶园反倒转包给了别人。余志坚从天福茶学院毕业后回到武夷山，先是跟几个师傅学茶，后来想自己做茶，就把茶山收了回来。目前，余氏家族中最有名的是做"心头肉"的堂兄、擎天岩茶厂厂长余盛良。余志坚自信满满地说："我做的'猫王'也不错，卖价不便宜，每年茶还没做完，大半已被客户订走了。"

在篮球队司职前锋的郑云峰与阿松有些相像，厂是他岳父的，他却掌管着全厂的生产。代表作是一款名为"问山水"的肉桂，在市场上很获好评。2020 年的天心村斗茶赛，他的茶获得了肉桂类金奖，再次证明了他的实力。

同在篮球队司职前锋的陈聪，也是"90 后"制茶能手。有媒体称他"传统制茶基本功扎实，勤劳低调"，"近年来钟情于纯种大红袍的加工制作"，"而立之年，红袍满贯"。所谓"满贯"，是他做的大红袍曾在天心村斗茶赛中囊括过"大红袍状元""大红袍金奖""大红袍银奖"。问陈聪，为什么他家的大红袍做得好？陈聪的回答是两个字：传承。

郑国虎是篮球队的后勤兼摄影。无论在球队还是在手工茶坊，一贯的踏踏实实，勤勤恳恳，像他在"蓝天救援队"一样，不断为"香合水"作着奉献。

"香合水"这支团队一方面体现着对老一辈茶人手工制茶工艺的传承和弘扬，另一方面又彰显着年轻人的活力。

在武夷山，我与"猫王"余志坚有过一次交谈。世人所知的"猫王"，本是美国著名摇滚歌手和演员，原名埃尔维斯·普雷斯利，留名好莱坞星光大道，曾获格莱美终身成就奖，因主演电影《脂粉猫王》，他的"猫王"称号风靡全球。摇滚、格莱美、星光大道……这些词语，武夷山老一代茶人恐怕知道得极少，而90后的余志坚直接用它来作为一款好茶的冠名，这就体现了新老两代茶人的差别。

在余志坚的猫耳石茶厂，我喝着他泡的"香合水"，听他叙说了两代茶人之间的不同。老一辈茶人在做茶之余，大多只是喝茶、喝酒、抽烟、打牌、养儿育女，少数有些文化的会读一些书……而像今天年轻茶人玩的户外活动、发视频号、玩网络游戏、网上销售……对于他们是陌生的。至于像阿松那样组建一支篮球队，在之前更是不可思议。

不仅如此，余志坚说："老一辈做茶，一般各家各户都关着门各做各的，很少沟通。我们这一代不一样。通过打球，我们和阿松成了好朋友，我们会互相切磋，取长补短。"

余志坚为我泡的"香合水"确实令我这个老茶客惊艳。茶汤很柔滑厚稠，有花香，滑入咽喉后生津回甘。我问："'香合水'是不是水仙？"余志坚不正面回答："你看到名字中有个'水'字，就认为是水仙？我告诉你：不是。"他说，有一部分茶青是阿松从他朋友那里买来的，那朋友在斗茶赛中得过水仙状元。

我问："拼配的？拼了哪几种茶青？"

他诡谲地笑笑："有点玄机，不告诉你。"

我也笑了。武夷岩茶的拼配是一门艺术，也可以理解为一种"合"。怎么"合"，做茶的每家每户都有一些小秘密。我不强人所难。

"香合水"目前还是非卖品，今后也不一定会成为商品，数量少是其中一个原因，更重要的是这些年轻人只是为了一种理想、一种情怀。

"香合水"采青和做青的时间比别的武夷岩茶早20天左右。每年的岩茶因为天气原因，会有一些不一样。提前做"香合水"，可以对这一年的茶性有了一定的了解，为之后批量制作武夷茶积累经验。

对"香合水"三个字，各人的理解不同。现在武夷茶重水求香，余志成注重的是工艺，是"香合水"中的"水"。而阿松更注重"香合水"中的"合"。阿松认为香和水是合，他与篮球队员们一起做，也是合。

我更偏向于阿松的理解，一起做茶是合作，友好相处是和合，男女结婚是好合，一起开开心心是合欢……"合"，是一个多么好的字眼。齐心合力可以做许多有意义的事情。

"香合水"，因为篮球队员的青春活力和武夷岩茶古老手工工艺的结合，有香有水，滋味不一般。"香合水"，让年轻一代茶人因此更具匠心，成熟厚重，让古老制茶工艺因此更加蓬勃焕发，生命绵延不绝。

知还茶园黄贤庚

2018 年 9 月，我去看武夷山作家黄贤庚。黄贤庚告诉我两件事：一是他家院子在建小茶屋，二是他的新书《茶事笔记》已付梓。

他兴致勃勃地带我看茶屋毛坯房，说是他儿子东东设计的，不大，借窗取景，建成后吃茶观景，每扇窗都像是幅画。我尾随着张顾，果然是移步换景。"比画更好看，画是不变的，而从窗口看出去的景一年四季不一样，每天有变化。东东是画家，有创意。"我连夸这构思好。

黄贤庚满意地微笑，为这还没完工的茶屋，也为他的儿子东东。

东东大名黄翊。如果说黄贤庚是茶人中的作家，那么东东就是茶人中的画家。一本《岩茶手艺》（福建人民出版社，2013年）就是他们父子俩合作的产品。"由于有的制茶技艺已少有人会操作，有些制茶工具已经消失，无从观看和拍照，只得靠回忆追溯。好在会做茶，且爱画画的儿子黄翊（又名黄圣东）互相配合。老子述说，儿子描绘，反复修改，终于解决了这一难题，并将它汇集成书……"黄贤庚在《岩茶手艺》的后记中如此叙说。

有文有图，系统介绍岩茶手工制作全过程，该书无疑有教科书般的意义，一经问世，就受追捧，第一版5 000册不久销售一空，现已三印。

东东擅画，有人曾出钱请他去画图，他没有动心。他更爱种茶，经常晨出暮归，出没于他们家分布在九龙窠、三仰峰、马头岩等处的茶园。

那天我遇见东东，我问："你还用老式的手机？还没开微信？"东东从兜里掏出那黑乌乌的小手机，果然还没换智能手机。我说："你还没你爸你妈时尚。"他说："这样好，不分心。"接着他与我说茶园土壤管理等一连串很专业的话题。我不怎么听得懂，只觉得有文化的年轻一代与老茶农相比，在茶的种植和管理上已注入了许多新的理念和知识。

有道是有其父必有其子，真是没错。

东东走后，我问黄贤庚，新书《茶事笔记》写什么？

黄贤庚谦和地笑笑："如果说《武夷茶说》是比较系统地反映武夷茶文化的话，那么这本《茶事笔记》写的是我与茶亲近的经历、体味和想法。"他告诉我，全书分四大章：事茶体味、品茗遐想、读书心得和管山回忆，几乎全部与茶相关。"原本想把在报刊发表的文章都辑为一书，有些写景状物、域外游踪之类的文字还得过奖，是自己的满意之作，是留是舍，纠结多日，最后还是专一于茶。"

黄贤庚的《武夷茶说》，2009年3月由福建人民出版社初版，2012年3月再印，印数已达11 500册，可见其热。2014年我初识黄贤庚时就获赠此书，一口气读完，朴实无华的文字、生动翔实的内容让我爱不释手。《岩茶旧事的钩沉》等篇章，非一般在武夷山走马看花的过客所能为。新书《茶事笔记》写他亲历，我很想听他透露书中精彩片段。

黄贤庚管山事茶，我是亲眼见过的。有一年，我喝他们家的水金龟，赞不绝口，提出要去九龙窠看这款茶的生长环境。

那是一条从天心寺通往马头岩的山路，路窄坡陡，鲜有游人。几年前，我走过一次，差点半途而废。"你们怎么不上了呢？"有两位年轻人见我们坐在台阶上不走，便问。其中一位束长发，穿灰色长衫，背一根长箫，有点离世脱俗的样子。我的膝盖有点疼痛，反问："上面风景好吗？还有多少路？""马上就到了，风景当然好啊。"年轻人如是回答。到了山顶，果然好风景，五马卧槽，茶园绵亘。马头岩道观的道长箫吹得好听，悠远的箫音在山坳里回荡，更添声色。

那次重走，见比我年长的黄贤庚步履矫健，我像受到感染，反觉比几年前走时轻快。

在离马头岩的不远处，黄贤庚带我们往左拐进一条小路，再往下到一个峡谷。这里就是黄贤庚父子的九龙窠茶园，不大，两亩来地，除了种植水金龟外，还种水仙，顺山坡俯瞰，远处天心寺橘红色的庙宇屋顶在绿树掩映中颇为醒目。

黄贤庚告诉我："你在报上写文章说我们家的水金龟好喝，一位台湾老茶客点名要买这款茶，我只能告诉他今年的没有了，要等明年。我就这点量，供不应求啊!"

相比高大的水仙，几垄水金龟相对低矮，但叶色却绿得发亮。

"金黄透亮的茶汤，我刚啜一口就觉不凡。入口微苦，但这苦的感觉很好，丝毫不涩，很润很滑。顷刻，这苦便化作淡淡幽香，如同梅花吐蕊时的清芬。再之后，口腔中有丝丝甘甜，这就是人们常说的回甘。"我在《"老喜公"的后代》一文中如此描绘。现在与茶树零距离，舌尖上苦尽甘来的感觉仿佛重新袭来。"很独特，很难忘的茶。"我再次赞美。

生长于峡谷之中的这片茶树，两侧是岩壁，一侧较陡，另一侧则相对平缓。为了避免过多光照，黄贤庚和东东在相对平缓一侧的岩坡上种了树。"都是岩石，只能种在石缝里，土不够，我和东东就一筐筐从别处挑过来。"黄贤庚告诉我。

也许，来一次山里不易，对话一番后，黄贤庚忙碌起来，拔草，浇水。那舀水的勺子像变魔术般出现的，当他走到泉边弯腰取水时，我发现还有隐蔽的水源。黄贤庚笑说："没想到吧？陆羽'山水上'，说的是煮茶的水，我这里滋润茶树的都是山水，你说这茶好不好？"

九龙窠种茶的经历，我不知道他在新书《茶事笔记》有无记录，但我直觉，类似的故事书中不会少。黄贤庚告诉我，有篇《砍山边的教训》，说他念初中时，就被父亲叫去砍山边。所谓砍山边，就是砍去茶地塝的杂草、小树、藤刺之类。"看起来简单，做起来也有技巧。"黄贤庚砍山边还算在行，但也有伤及自己的时候。

他翻箱倒柜，找出一条旧牛仔裤，裤脚管有明显缝补过的地方："几年前的一个夏天，我就挨了一刀。在砍野藤时，刀被一根又滑又硬的小箭竹挡了一下，偏向我的左小腿，刀口就落在胫骨正中，挽起裤管一看，鲜血直流，还看得见一点白骨，我迅速用毛巾捂住伤口，儿子见状立即跑过来……"

他让我看左腿的刀疤，伤痕还在。这一幕，我听着都觉寒凛凛的。可黄贤庚说这一切时却依然微笑："这条裤子缝补后，我上山还经常穿，穿着可以提醒自己做事还应谨慎小心。"

从武夷山回上海后，我一直惦记黄贤庚的两件事：他家院子里的茶屋落成了吗？新书《茶事笔记》出版了吗？

2019 年 4 月，嘉定南翔有茶家去武夷山看黄贤庚，回来时给我带来《茶事笔记》。我即刻捧读，全书四大章，每章的导语言简意赅。比如："一辈子和岩茶打交道，经历中印象深刻的事情自然不少，其中不乏文化层面的。这些亲身经历有纠结，也有欢乐。记录起来，权当'事茶体味'。"又如："身为茶家，管理茶山是分内之事。小时觉得好玩，稍大便感到无奈，步入老年后，把它视为体验、享受。乐在其中，整理起来，备为'管山回忆'。"导言提纲挈领，却引人入胜，就像是名胜风景区的导览图。

每读一篇，我击节称好。当今世上写茶的文字不少，其中由茶而无病呻吟、感慨风花雪月，从古纸中拣片言只语，从而引发人生如茶之类的鸡汤语句比比皆是。相比之下，黄贤庚的茶文实在，全无花哨虚饰，都是他的亲历亲为和切身感悟。

比如，一篇《说不尽的大红袍》，他从"大红袍的历史记载""大红袍的传说及名称由来""大红袍摩崖石刻何人何时题勒""母树大红袍到底有几丛""母树大红袍非北斗、奇丹""母树大红袍茶园的地理位置及相关数字""大红袍的管理单位""大红袍母树到底有没有部队看守""母树大红袍采制时间及数量""拼配大红袍""大红袍的无性繁殖""现今的大红袍的茶品""母树大红袍的停采""对于大红袍现状的议论"等 14 个章节进行阐述。因为父亲"老喜公"二十世纪五十年代初曾是制作母树大红袍的摇青师傅，黄贤庚自己又参与有关文件的修改

85

咨询工作，2017 年 1 月，还参加为母树大红袍填土、施肥、剪病枯枝，用卷尺、绳子丈量其高度、面积，清点枝干，掌握了第一手资料，再加上他饱览史书、走访老茶人，他的观点和内容我都很认可，为我厘清了原先对大红袍的一些模糊认识。

《茶事笔记》娓娓道来的文字，像一位老哥与我促膝倾谈，亲切朴实。其中一篇《陆廷灿研讨会散记》还提及他的嘉定南翔之行，他与我们夫妇的交往。陆廷灿，嘉定南翔人，在崇安（今武夷山市）当过县令，近 300 年前的一本《续茶经》把今天两地两位爱茶的码字人维系在一起，成为书中好友、茶中知己，也算缘分。

2019 年秋天，我又去武夷山。老朋友又见面，我上次送给他的江南老土布，黄贤庚的爱人唐老师做了茶席和台布，她连夸土布好看。我却更关心他们的茶屋。

茶屋果然是风景。一扇大窗，近处绿树婆娑，远处群岭起伏，恰如山水满墙。两扇小窗，浓绿浅翠，叶肥藤瘦，又似花草挂轴。门口有木匾，题"赋闲居"。

我连连叫好。借窗取景的建筑我见过一些，印象最深的是前几年在嘉定马陆的一个画家工作室，一扇窗一幅画，安藤忠雄设计的。真好看，可惜后来拆掉了。

"拆掉了？为什么？"黄贤庚问。

我耸耸肩："说不清。还是赋闲居好啊！"

坐下品茶时,黄贤庚问我读《茶事笔记》感想。我直言:"四个字:干货,实在。"

我举例说一篇《品茶"高手"质疑》。

"这样的'高手'我也碰到过。一次,武夷山某茶厂请我喝茶,牛栏坑肉桂、牛栏坑北斗、刘官寨肉桂,都是当年好茶。中间来了一波男女,叽叽喳喳,七嘴八舌,说话嗓门很大。为首的是上海浦东的一个茶商,吹他怎么高明,怎么能喝出每个不同的山头不同的茶。"

黄贤庚听了哈哈大笑:"武夷山的历史上确实出过一个品茶高人,叫陈书省。陈书省所处的岩茶时代与今天不一样。一是山场归属不一样,二是品种数量与现在不一样,三是种植管理与现在不一样,四是现在的制作工艺各个茶厂不都一样,五是产量与现在不一样。诸多变化,即使陈书省在世也难鉴别。"

我继续叙说:"我曾经问某茶厂老板,有隔年茶卖吗?那上海来的茶商插嘴说:'肯定没有。有隔年茶说明生意不好。'我反驳他:'你见过多少武夷山茶人?你认识黄贤庚吗?他们家卖的就是隔年茶。'话不投机,少了我许多雅兴,我只得起身告辞。"

我说的是事实。当年茶火气大,武夷山人过去一直喝隔年茶。黄贤庚父子让我感动的是他们的淡定,从不卖当年茶,一款铁罗汉他要存放八年才向老客户出售。

那天中午招待我们的饭菜是唐老师做的,蔬菜是他们自家院子里种的，美味，环保。

我问黄贤庚，八年的铁罗汉是怎么储存的？

饭后，他带我去看他的茶库，那是一幢小楼的第二层，回字形的储存间，满屋茶香。他说茶仓库要干燥、阴凉、能通风，温湿度可以波动。

"那么多茶啊？"我兴奋得大口呼吸。黄贤庚笑着告诉我，一部分是他弟弟黄贤义的茶。

我是他带去看茶库的第一位朋友。

黄贤义是著名的瑞泉茶业掌门人黄圣辉的父亲，央视纪录片《茶，一片树叶的故事》中，武夷山那位手艺精湛的做茶师傅就是他。江夏黄氏有 300 多年做茶积淀，12 代传奇。黄贤庚、黄贤义是第 11 代传人。兄弟俩自幼出没水帘洞茶园，跟着父亲"老喜公"和茶师，在茶堆里摸爬滚打。不同的是弟弟黄贤义一直没离开过茶，而黄贤庚后来到省城念书、工作，再后来"承接父母所遗茶山，重操旧艺"。兄弟中，他茶山较少，却乐此不疲。更可贵的是，种茶之余，笔耕不辍，孜孜以求于武夷茶文化的传播。

白居易在任江州司马期间，来往浮梁，关注茶叶，写下千古名篇《琵琶行》，有意思的是他在看够了"商人重利轻别离"的世俗现实，历经官场沉浮人生坎坷之后，在庐山香炉峰遗爱寺旁找了一块地种茶。"架岩结茅屋，断壑开茶园"，写的就是他人生中的这段经历。

"云无心以出岫，鸟倦飞而知还。"东晋诗人陶渊明的《归去来兮辞》也表现了回归田园后的淡泊闲逸的心境。

在黄贤庚"赋闲居"茶屋，茶台上放着他的新著《茶事笔记》，窗外是他耕作过的茶山，喝的是他们父子做的"老喜公"品牌岩茶……置身茶烟飘袅之中的我，想起了陶渊明和白居易……

此文取题名《知还茶园黄贤庚》，也概源于此。

又见"俭清和静"

　　我第一次看到张天福书写的"俭清和静"是 2014 年 9 月，在福州张天福老人的家里。那天临别，他向我微笑挥手。我回首望他，在向他致意的那一刻，背后白墙上"俭清和静"四个字分外醒目。

　　那年老人已 105 岁，茶界这位泰斗级的人物，不知有没有"茶二代""茶三代"继续着他的事业，传承和弘扬他"俭清和静"的茶学精神。

　　四年后的 9 月，我去福建签售《寻茶记》。在武夷山，朋友安排我住民宿"茗影轩"。"茗影轩"以茗茶和摄影为主题，是因为主人刘达友是当地著名的摄影师，作品《呵护》获得过第九届国际摄影作品大展自然生态类银牌奖和评委会推荐奖。

入住几天，没见到刘达友，估计他又去什么地方采风拍照了。但我看到了张天福题写的店名和大堂茶室挂的"俭清和静"字匾，觉得很亲切。让我高兴的是四层建筑装有电梯，这在武夷山的民宿中极少见。年纪大了，上下不用走楼梯，显然方便轻松。管理员小左忠厚勤恳，却少言寡语，没给我介绍为什么安装电梯。

几天后，我去福州签书。张天福之子张德友到现场为我助阵。他陪我参观张天福纪念馆，为我讲解。在那里，我又看到张天福写的"俭清和静"。

陆羽《茶经》中说：茶之为饮"最宜精行俭德之人"，宋徽宗赵佶《大观茶论》中也有"致清导和""韵高致静"之说。张天福提出"俭清和静"中国茶礼的茶学思想，其内涵概源于此。

张德友是个画家，在茶界兼任张天福茶叶发展基金会副理事长、张天福纪念馆荣誉馆长。他这些职务分明是对张天福事业的一种继承。

2019年9月，我又去武夷访茶。我仍订宿"茗影轩"，原因多半是有电梯。抵达时，为我开门的除了小左，还有一位半老未老的中年人。

小左说，他就是刘达友。

刘达友握着我手："楼老师啊，去年你来，我不在。这次你要多住几天啊！"我细细打量："你就是刘达友？不像啊？我看过你的摄影集《武夷神韵》，封面勒口上的照片分明是个帅小伙子啊！"

刘达友笑笑："老了老了，你看我头发都脱了。岁月不饶人啊！"

一见面就如此开涮，倒让我与他的关系很快升温。以后几天，因为高温，我孵在民宿空调房里的时间较多。喝茶时刘达友告诉我，那台电梯是专门为张天福安装的。"2016 年，'茗影轩'开业，我们请张天福来参加揭牌仪式，总不能让他走上走下呵！"我掐指一算，老人那年 107 岁，确实走不动了。

"那我们这两年来，有电梯可乘，是借张天福的光了。"

"也可以这么说。当然花费高了点，但倒也为客人提供了方便。"刘达友说得挺实在。

后来我得知刘达友的妻子王兆琴是张天福的外孙女。知道了这层关系，我恍然明白张天福为什么为"茗影轩"题写店名，墙上为什么有"俭清和静"的字匾了。

某晚，刘达友从柜子里拿出两款茶，"百岁香"和"红岩知己"。百岁香，是武夷名丛之一，但刘达友的这款是否还含有百岁老人张天福的意思？至于"红岩知己"，我差点把它认作"红颜知己"。

"你还做茶？"我问。

"是啊。我还在筹建岩茶坊呢！"

"你哪来的时间？"

"我提早办退休了。我现在的职务是武夷山张天福茶学博物馆馆长。"他说。

武夷山茶博园有张天福茶学博物馆，我听说过，陈列张天福用过的物品、茶学著作、书法作品等。我说我想去看看。

第二天出发去茶学博物馆之前，刘达友先让我去看他的岩茶坊。岩茶坊与"茗影轩"一路之隔，没什么装潢，有几台张天福研制的"九一八"揉茶机，我试着推了几下，老式的机器还挺管用。

这个岩茶坊，还有个功能是刘达友想借"茗影轩"这个平台，拓展茶旅文化，让住店客人可以体验做茶的乐趣。因此他很用心院子的环境营造。比如他设计了一块水稻田，面积不大却绿意盎然。正是稻穗成熟时分，我刚看过电视剧《知否知否应是绿肥红瘦》，剧中宋代皇帝在宫殿也有这么一块稻地，常常沉湎其间。我跃跃欲试，一脚踩了进去，谁知深陷其中，狼狈不堪，鞋子、裤腿沾满污泥。泥淖之中，难以自拔，好不容易脱身以后，我的第一句话就是："宋代皇帝也不好当，还是老老实实读书码字，研究茶文化吧。"

沾满泥巴的鞋已无法再穿。去张天福茶学博物馆，我向刘达友借了拖鞋。也许有点不恭，却实属无奈。

茶学博物馆门口有一副石刻的对联："实事求是，身体力行"。进馆后，张天福的照片迎面可见，慈祥亲切。展馆从2008年开始设计、施工，收藏了300余件张老的藏品，系统介绍张天福在茶学领域的学术成就和科研成果。其中有 1914 年张天福四岁时照片以及他的生活日记、茶事活动图片、书法作品、几十年收集的茶叶标本以及各个时期的学术论文等。张天福研发的揉茶机、梯层茶园水平测坡仪、福建示范茶场的奠基石等实物，都让我驻足细察，深受感动。

2010 年 11 月 17 日开馆那天，张天福亲临现场揭牌。看着伴随自己将近一个世纪的藏品，张天福仿佛又一次穿越时光，他与茶结缘的一生历历在目。

张天福与武夷山的茶缘源远流长。1938 年，张天福奉命到崇安县（今武夷山市）组建福建农业改进处茶叶改良场。1940 年，茶叶改良场并入中国茶叶总公司与福建省政府合资创建的福建示范茶厂，张天福任厂长，下设武夷、星村、政和制茶所以及福安、福鼎、赛岐分厂，规模为国内最大。1941 年，张天福配合崇安县政府，创办"崇安县初级茶叶学校"，兼任校长，培养茶叶人才。1942 年，张天福调任福建协和大学农学院任教。抗战胜利后，他回到崇安，主事崇安茶叶试验场。1949 年后，他先后调中茶省公司和省农业厅任职，指导创办崇安茶场。1959 年，他"下放劳动"，在崇安茶场三年，身处逆境，他仍参与茶叶生产研究。张天福晚年对武夷山的茶业更是关怀有加，经常亲临指导，对发展武夷岩茶、弘扬武夷茶文化不遗余力。

纪念张天福对中国茶、武夷茶的发展所作出的贡献，也许正是在武夷山建立张天福茶学博物馆的重要意义。

离开张天福茶学博物馆，我一直感到有东西可写，但又觉应该补充些什么。庚子年春节后，因为新冠肺炎疫情，我被迫封闭在家，又想到了这个题材。4月，疫情转好，我心系武夷山，问刘达友："你的茗影轩能接待客人了吗？岩茶坊建好了吗？"

5月，茗影轩重新开业。恰逢上海有茶友去武夷山，我戴了口罩、防护镜、手套、帽子，全副武装与她们同往。与年轻人一起在九龙窠看岩壁石刻，从朱熹、范仲淹、陆廷灿等古人为武夷留下的诗篇中，我又想到张天福。自古至今，"晚甘侯"和"岩韵"的文脉、茶脉始终不断。

年轻人先回上海了，我却继续留在武夷山。我移师"茗影轩"，做的第一件事就是采访刘达友。

刘达友对我说他的"三无"为人处世："无我，凡事不以自己为中心，多为别人着想。无为，因为我这人爱折腾，所以得经常提醒自己要示弱，做些力所能及的事。做任何事不一定必须成功，我可以有失败。无恙，身体要健康，身体不好，什么都是空的。"

无为亦有为。实际上刘达友做了不少事。他不想扯着虎皮当大旗，却不忘张天福"俭清和静"的茶学精神。他用张天福的书法制成模具压制了各种茶饼，比如"茶寿""茶缘""俭清和静""茶是友谊的种子"等等。

刘达友的岩茶坊比我一年前看到的，设备增添了不少，晾晒用的竹匾，杀青用的铁锅、炉灶，萎凋槽，竹编的摇青机……尤其是一排"九一八"揉茶机，全是榫卯结构木制的。购一台旧式揉茶机，价格远高于现在金属制作的那种。这不能不说是刘达友的一种情怀。

在这个茶坊，他做红茶、白茶、乌龙茶。他的一款叫"武夷白贤"的白茶，谑称阳光萎凋的代言为"雄性白鹇"，青间阴干的代言为"雌性白鹇"。把茶与美丽飞鸟联系在一起，也许与他长期在武夷山国家公园工作有关。

他带我去茶库，好家伙，满满一屋，每袋茶上有标签注明哪天在哪里采的茶青，什么时候做的，用的什么工艺。

他的茶青大多向桐木关茶农采购。今年，他还没来得及做茶，因为桐木关海拔较高，气候较寒，采摘得稍晚几天。

两天后，刘达友与我们一起去看他曾经的工作室。路过星村、曹墩，一边是奔腾的桐木溪，一边是村舍和茶山，风景美得我左右顾盼来不及看。停下车，他指着山坡上几间旧屋说，这就是他曾经的摄影工作室，后面还有茶园。

屋子面对的正是桐木溪最美的一段，溪中山石错落有致。因为这些岩石，溪流经过的时候跌宕起伏，不时有浪花溅起，那溪水奔腾流淌的声音时高时低、时急时缓，像交响乐一般壮阔动听。刘达友告诉我，前几年这里可以让游客漂流，他的获奖摄影作品《与浪共舞》就在这里拍摄的。

桐木溪让我们流连，去看后山的茶园却让我们颇觉艰难。

没有路，有一段还走在一大块倾斜的岩壁上，脚稍不用力，人会往下滑。见我搀扶着殷慧芬寸步难行的状态，刘达友连连打招呼，说他带错了路。但他说的另一条路宽不过肩，也不好走，高高低低，野草乱木丛生，有时突然横出几枝竹，上面还挂有蛛网。看得出这里是个人迹罕至的地方，生态极好。

茶园面积不大，周围还长着零星的野茶树。我们一边走一边采，乐在其中。

听说去年他做了 700 斤茶，看来大量的茶青是向茶农购买的。果然，在我离开武夷山几天后，我看到他和他儿子去桐木关挂墩采茶的图片和视频，然后父子俩在茶坊做茶。从张天福这一代起算，他的儿子应该是第四代了。

从桐木溪大王宫回来，刘达友用采摘的茶青做了几道菜。印象最深的是那碗茶面。那是他去年用干茶粉碎成颗粒和在面粉中制作的。茶香伴着麦香，味道很好。除了茶面，他还做茶宣纸，还有我现在还没完全搞懂的"202020 茶旅计划"。他有很多与茶相关的文创产品，他说他是一个爱折腾的人，也许没错。

张天福提出的"俭清和静"的中国茶礼，其内涵就是勤俭朴素，清正廉明，和衷共济，宁静致远。离开武夷山的前一天晚上，当地几位粉丝拿着《寻茶记》来请我签名。临别合影，背景是张天福老人写的"俭清和静"。

又见"俭清和静"。我想，刘达友的所有"折腾"，也许正是为着对张天福"俭清和静"茶学精神的传承。

盛开的彼岸花

观音岩位于狮子峰西南，是武夷山九十九名岩之一。明代文人苏伯厚有诗："巉岩怪石拥青螺，面面人看是普陀。欲识个中真色相，一轮明月印清波。"说的就是观音岩。

去观音岩，有两条路，一条通过水帘洞，一条路经广陵亭。阿松选择了后者，因为那条路相对平缓些。"你们已不年轻，我尽可能挑好走一些的路。"阿松善解人意。

山路仅一肩宽，满目茶绿。阿松手执登山棍，时而在草丛中拨打，说是有蛇出没，要小心；时而停步，指着不知名的花草树木，向我们解说这是什么树，树上结的什么花，什么果。

广陵亭，远看像座山门，走近了方知是供行人小憩之处。虽已9月，却仍暑气逼人，一路行走早已大汗淋漓，我在亭内坐下抹汗补水。

出广陵亭，我看见观音岩，大小两座比肩毗连，岩体略有大小，仰望山岩螺髻堆翠，真有点像观音大士头上的高髻。

山坡上是阿松家的肉桂。阳光下，茶树享受着日光浴，绿郁中折射着金属一般的光泽。阿松说，同样的肉桂，长在坡顶和坑涧，滋味不一样，坡顶的，光照充足，桂皮香会更张扬一些。阿松家的老枞水仙种在山坡下，茶树高过人头，树龄明显比山坡上的肉桂更长。

我看见观音岩有古崖居。武夷山现存的古崖居有十余处，最著名的是章堂涧附近的天车架。历经岁月的风吹雨打，天车架古崖居悬楼吊脚，如燕窠临崖，洞内建筑仍清晰可见。

关于古崖居的来历，众说纷纭。有说是宋代就有的山民穴居，这种原始的居住形式，以山体为屏障，用岩罅为宅居，既防兽，又防盗。地方志记载天车架古崖居：清咸丰七年，太平军攻陷崇安县，击毙县令莫自逸，军威迅猛，后北上浦城。崖居者当在此时之前避难山中，构建崖居。遗址有摩崖石刻："北斗峰旁有铸钱场焉，岩超壁立，虽戎马纷来，攀越莫上。时，发逆扰崇，予乃择险至此，架天车，开旷石，接泉饮，其门户侧、广、深各五丈有奇……"

我不止一次地途经天车架古崖居，上仰悬崖，下临深涧，确实无路可攀，致使当年太平军围攻多时无果。

眼前的观音岩崖居，不知是否与"太平军"战乱有关。我想知道更多，便走近山崖。

"不比天车架那个，上面没什么的，而且上去很难走。"阿松随我走了几步，劝阻说。

我问："你上去过？"

阿松说："当然，我们每年在这里采茶，下雨了，就去上面躲雨，累了，就在里面睡个午觉……"

我有一种时空穿越的感觉，如果说古时的崖穴，是为了让武夷山人躲避战乱、暴力和恐怖，那么今天却成了采茶人的避雨憩息处。我站在那里继续张望，于心不甘。阿松像是看出了我内心的这种感慨，说："楼老师如果对这感兴趣，我带你去'朱子洞'，离这里不远。"

"朱子洞"真是秘境，若非阿松带路，我一定找不到这个地方。

阿松说："别说你找不到，许多武夷山人都不知道，没来过。"

后来我倒真问过别的武夷山朋友，他们确实不知道，连常在山里行走寻秘的几个年轻人也未到过。

一条狭长的山涧，脚边有盛开的曼珠沙华，红灿灿一片。有一段山间小路并不好走，快到山洞时，几乎要贴着岩壁方能前行。我看见了石门、石墙。那石门宽约一米许，石门上方横卧两块条石，两侧有人工开凿的凹槽，阿松说："石门古时可开可合，想进里面的山洞、山寨，这石门是必经的。"很有一夫当关，万夫莫开的架势。

旧时留下的石壁仍在，从残垣看，完全是人工堆砌，规模
不小。

"朱子洞"就在石壁断垣一侧，有一条乱石铺就的小路可往
下入洞内，洞内光线较暗，但古人生活过的痕迹仍依稀可辨。
站在洞内往外看，天空很明亮，像一块晶莹的大钻石。

我问阿松："朱熹真在这里待过？"

阿松笑了："这里跟朱熹没关系。"

"那为什么叫'朱子洞'呢？"我一脸茫然。

阿松告诉我，因为这洞在珠子岩，称"珠子洞"似更贴切。
珠子岩六岩并列，岩体经雨水冲刷及风化，成节状，形如珠子，
故名。远望珠子岩，又像六只猪仔进食，故又名"猪仔岩"，取
"六畜兴旺"之意，与马头岩"五马奔槽"遥相呼应。猪仔岩的
名气比珠子岩更大，因此更多的人把这洞称为"猪仔洞"。

"明明叫'猪仔洞'，为什么到你们嘴里就叫'朱子洞'
呢？"我还是不解。

阿松解释说："现在的人做学问，哪有你们这一辈严格？有
人在这洞里住过，他们就猜是隐居的古代文人。是谁？他们不
知道，就说朱熹，反正朱熹在武夷山名气大。再说，'猪仔洞'
与'朱子洞'音同。"

这回轮到我笑了："那就把朱熹当'猪仔'了？"

想想也是，朱熹出生在五夫，讲学在武夷精舍，在武夷山

生活了半个世纪，怎么可能躲在这洞里？如果不是朱熹，那么，是谁呢？

太多的文人名士都在武夷山留下了印迹。唐代李商隐为武夷赋诗；宋代担任福建转运使蔡襄在这里写《茶录》；苏东坡曾咏诗："君不见武夷溪边粟粒芽，前丁后蔡相笼加……"；抗金民族英雄李纲"但觉峰峦劳顾揖，不知身到武夷山"；词人柳永"几回云脚弄云涛，仿佛见金龟……"；陆游主持武夷冲佑观，称"建溪官茶天下绝"；名贤谢枋得，元灭宋后改名换姓，卖卜度日，讲学隐居，终老建阳，武夷人建"三贤祠"以表肃敬；明代海瑞、徐渭，清代袁枚、林则徐、朱彝真……可谓人文荟萃。文人墨客，达官显宦，释家羽士纷至沓来武夷山……但有谁会躲至"猪仔洞"里餐风饮露？更有谁会砌石墙、筑山门，壁垒森严？

我想起古崖居。我揣摩着居住和生活在"猪仔洞"的更多可能是类似天车架和观音岩古崖居的避难者，而且是有能力砌墙筑寨的财富人家。

从石墙的残垣判断，距离今天并不太遥远，清代？民国初年？抑或更近？天车架古崖居是因抵御"太平军"，那"猪仔洞"又是躲避一种怎样的血腥呢？

离开"猪仔洞"后，我沿原路返回。回首一望，那石壁断垣分明是一只仙人巨靴，是哪位仙家坠入凡间的巨靴？还是"猪仔洞"里的避难者飞遁入天的见证？

脚边，彼岸花，红灿灿一片，很艳。

蓝天下的武夷山

9月，武夷山白天还是37度高温，行走攀登芦岫峰的计划再次泡汤。我的朋友阿松说："来回四小时，前天两个年轻人跟我去了，累得现在还趴在床上。你肯定受不了。"

"那我就在酒店孵空调？"我故意这么说。其实，我在武夷山的日程还是排得蛮满的。

阿松迟疑一下，说："要不起个早，看武夷山日出。早上凉快。"

我说："好啊。我看过喜马拉雅山和撒哈拉大沙漠的日出，还没看过武夷山的日出呢！"

阿松说："武夷山看日出有两个地方最好，一是白云岩，二是齐云峰。白云岩有个御仙台，看日出是个绝好的地方。你想去哪里?"

我稍作考虑后回答:"白云岩我去过了。还是去齐云峰吧。"

我去白云岩是 2016 年初春,某家茶企邀请福建省茶科所老所长陈荣冰先生、省茶叶学会姚信恩秘书长和我同去考察,茶园就在白云岩。

白云岩又名灵峰,位于九曲溪北,每天破晓时分,白云飘浮腰间,忽聚忽散,时分时合,青山在云间隐现,极美。白云岩半腰有白云寺,依山而筑,登山时远望,寺院与山崖融为一体,围墙如白云缠绕。

徐霞客有文字记游白云岩:"从石罅中累级而上,两壁夹立,山水皆收眼底,蔚为大观。"我们累级而上,至白云寺,凭栏俯瞰,九曲溪逶迤如飘带,远处山峦起伏,近处沃野一片,风景果然好。朱熹有句"九曲将穷眼豁然,桑麻雨露见平川",写的就是这一带。

有年轻朋友说他们曾在白云寺西侧白云洞喝过茶。我探望一番,洞虽幽奇却悬崖峭壁,路险难走。上下绝壁间仅一线横坳,进洞须手脚并用,伏身蛇行。我不敢冒险,唯望洞兴叹。

在白云寺,往南远眺,可见齐云峰。

齐云峰位于九曲溪西南,近星村,因状如燃烧火焰,又名"火焰山",也是观日出和云海的好去处。

我选择去齐云峰,还因为白云岩山路崎岖,不敢贸然前往。而去齐云峰,可开车直达观景台,无需攀岩走壁。

阿松让他的朋友阿虎当司机兼导游。阿虎与他同在一个篮球队。阿虎更骄傲的身份是武夷山蓝天救援队队员。

与阿虎相识是在 2018 年 9 月,其时我应阿松邀请,去武夷山为他买的几百本《寻茶记》签名。阿虎闻讯,当天赶到阿松家来见我。一来二去,我在武夷山又多了一个朋友。听说他在蓝天救援队有不少见义勇为的故事,阿松说:"楼老师,你写写他们也很有意义。"

我说:"好啊,下次来,我听他讲蓝天救援队的故事。"阿松一口答应。我不知道这次他让阿虎陪我上齐云峰,是否刻意为之?

第二天凌晨 4 点 50 分,我枕边的手机铃响,阿虎在电话中说:"楼老师,我已到'茗影轩'门口了。"茗影轩是武夷山摄影达人刘达友办的民宿。我匆匆下楼,黑暗中坐上阿虎那辆白色越野车就直奔齐云峰观景台。

沿途没有别的车辆,也不见人影,唯有远的近的山岭、树木与朦胧天色构成深深浅浅的灰黑色,像幅不断展开的水墨画卷。间或有一只夜鸟在车窗前掠过,很有点让人心惊的感觉。

阿虎开着车,左弯右拐很洒脱,对这块土地他太熟悉,"左面是三才峰,三座山峰峦靠在一起,老人们说一个是天一个是地一个是人,天地人相依共存,天时、地利、人和,取名三才峰有这个意思。"

我顺着他说的往车窗外望去,影影绰绰,果然有挤在一起的三座峰，只是一晃而过，看不真切。

到达齐云峰的时候，天色还黯，没别的游客，只有阿虎和我们夫妇，三个人说不上"三才"，也称得上"三闲"。阿虎把车停靠在一块刻有"齐云峰"大字的巨石旁，带我们去观景平台。观景台条石铺地，有围栏、亭阁、长廊、石雕佛像，附近有一座观音殿，建造时间并不长。

月亮还没落下，凉风习习，爽爽的一股清气。阿虎说，齐云峰不在主景区，游人较少，来这里的大多是武夷山当地人，因此比较清静。在等待日出的时分中，他带我们在平台走来走去，环顾群山一一介绍，远眺大王峰、三仰峰、白云岩，近观三才峰、虎啸岩、赤霞岩、马枕峰……山脚下的村庄有灯火闪烁，与苍穹中繁星交相辉映。阿虎说："这个村庄因此叫'星村'。"

"星村"，好美的名词。我最早知道这个名词时，还没来过武夷山，而是饮了一款带有桂圆甜香的红茶"正山小种"。正山小种的原产地在武夷山星村镇桐木关一带，故又称"星村小种"。有人说"茶不到星村不香"，此刻，我俯瞰朦朦胧胧的星村，吮吸着山雾缭绕中的空气，细细辨别其中是否有"星村小种"的特殊茶香。

阿虎说，他的家也在星村。眼前的景色笼罩在半梦半醒中，我无法辨清哪一盏灯火是阿虎家的，我却可以说作为蓝天救援队的一员，阿虎家也是其中一颗亮着的星。

阿虎向我介绍武夷山蓝天救援队：2016 年成立，主要承担武夷山市户外险情救援、开展灾害应急疏散演练和实施政府应急部门救援任务等。目前有队员 60 人，完成各种救援任务 90 余起。

我是知道蓝天救援队的，纯粹是中国民间专业、独立的公益紧急救援机构，全国登记在册的志愿者有五万多名，其中一万名经过专业救援培训与认证，可随时待命应对各种紧急救援。他们的宗旨是"在灾难面前，竭尽所能地挽救生命"，口号是"忠诚、正直、勇敢、谦卑"。2008 年 5 月 12 日汶川抗震、2010 年初贵州大旱，2010 年 4 月 14 日玉树地震、2017 年 8 月 8 日九寨沟地震……在救援现场都有他们英勇的身影。

阿虎说："我们完全是自愿的，武夷山的蓝天救援队也参与各种灾害事故救援行动。曾经有两个寻茶人在武夷山桐木关自然保护区内走失，一度失联，我们经过近一天一夜的搜寻，安全成功寻回失联者。最近一次，一位广东游客在山里失踪，我们也参与搜救。"

我说："我有一次在新闻中看到你们的救援队在山里清理游客丢的垃圾。"

阿虎笑了："这种公益活动多呢，风险相对小的就不说了。"

我说："能不能说点你的故事？"

"我个人的就不说了。"阿虎说着，转移了话题："你看你看，天色红了，太阳马上就要升起来了。"

我抬头望东方,果然一片淡淡的红,似乎还有些羞涩。红晕在空中扩展着,色彩也渐深,由粉红、桃红变成胭脂红。阿虎是个摄影好手,为我和殷慧芬拍了好几张合影照。他说,这时的背景最好看。

6点12分,太阳羞答答地从山背后探出脸来,因为有山挡着,倒更有"千呼万唤始出来,犹抱琵琶半遮面"的感觉。

阿虎说:"知道我和阿松为什么叫你去白云岩看日出了吧?在白云岩,日出时没山挡着,云海中慢慢升起,又一下跳出来,好看。"

我说:"这里也有特点。我主要是考虑安全,黑暗中爬坡登山,不比你们年轻人了。"

阿虎说:"那也是。"

让我欣喜的是,太阳升起来时,另一边的天空中月亮还没落下。这边看月亮,那边看日出。日月同辉,我在武夷山齐云峰看到了。

太阳冉冉升起,天色明亮了许多,山峦、村庄、绿树、茶园都更加清晰,纯净得没有一点尘埃。尤其是近在眼前的三才峰,俊秀奇丽,山清水秀,周围茶山叠翠,近前水波涟漪,朝阳下云霞满天,云海变幻,美若仙境。

阿虎看透我心之所思,说:"去三才峰那边看看?"

我说:"好啊。我正想对你说呢!"

开车下齐云峰,没几分钟就到三才峰脚下。阿虎从车里取出几只盛水桶，熟门熟路地到草丛中的一个泉水口盛水去了。"这水甜。陆羽《茶经》不是说山水上吗？"

看着旁边的山坡上有起伏的层层叠叠的茶园，我哈哈笑说："陆羽还说茶'上者生烂石'，好山好水好茶都让你武夷山占了！"

"那你要不要考虑来武夷山落户呢？"阿虎笑笑瞅着我。

我说："我不是每年都来吗？"

清心润肺的空气，宛如仙界的美景。我们在山水间养性，享受着武夷山清晨的宁静和澄净，深深地吸着满满的负离子，心胸也觉纯洁了许多。

不远处，三才峰紧靠互依，亲密共存。《易经系辞》中"有天道焉，有人道焉，有地道焉，兼三才而两之"之说，三才峰因此而名。

望着互依互存的三才峰，我又心生感慨，无论是稍远的大王峰、玉女峰、白云岩、虎啸岩，还是近处的齐云峰、星村，山山水水那么美，那么纯净，那是天地的庇护，武夷山人的守卫。天地人在这里共生共盛，我不由双手合十，心中念念有词，为蓝天下的武夷山祈福。

桐木挂墩，生物之窗

2014年初秋，我与觉人等茶友去过一次桐木关，在那里度过一个难忘的夜晚。那次在三港见到了建于上世纪初的天主教堂。觉人告诉我，这个教堂原来在挂墩，是后来迁过来的。当年是教会传教点，也是西方人在深山采集标本的落脚点。

觉人说，现在陈列在英国大不列颠自然博物馆"金斑喙凤蝶"的珍稀标本就采自挂墩，当年英国人福琼还在那里获取了正山小种茶籽，致使以后有了印度和斯里兰卡的红茶。因为生态环境好，挂墩从十九世纪起就是倍受全球生物界瞩目的"生物模式标本产地"。

关于挂墩的传说，我早有所闻。挂墩有着"昆虫的世界""鸟的天堂""蛇的王国""研究亚洲两栖和爬行动物的钥匙"等美誉，是世界公认的"生物之窗"。

什么时候去挂墩看看成了我这几年心里久久牵挂的一个念想。在微信朋友圈中，这个念想时有流露。有一次，武夷山朋友邹晓琳发来一张他们早几年拍的挂墩图片，茶山连绵，树木葱茏，云雾缭绕，一间岁月沧桑的老屋孤独地点缀在山间，美得令人惊叹。我说："我下次来武夷山，你带我去。"邹晓琳说开山路很危险，她不敢。

2017年春天，看到茶友俊少在微信上说："终于到了传说中的桐木关挂墩，金斑喙凤蝶发源地。"图片中挂墩美景入眼尽翠，再次让我燃起去那里的欲望，于是与俊少对话。俊少说："到挂墩山路险峻，只有一条缺乏维护的两三米宽的小路，而且有很多急弯和陡坡。"他建议："一定要开车身比较短的越野车，还必须是走山路经验丰富的老司机。不然很容易就在路上进退不得。最好租个车直接开进去。"

租辆车去挂墩，正合我意。

几天后，我到了武夷山，第一天在闻茗手作茶坊与茶人一起做茶，夜宿溪源村。第二天一早，我对觉人说："我想租车去挂墩，你能陪我吗？"觉人笑了："看到你在朋友圈发的内容了，你想去挂墩，我已安排好了。"他告诉我，去祖师岭把行李扔在"竹溪云窝"后，有一个叫元魁的年轻朋友会来接我们。

元魁，曾经是桐木关的团支书，朋友们称他"魁爷"。"元魁"这名字，够牛的了，同龄人又称他为"爷"，未见面，凭名字和称呼，就让我对他展开了想象。不一会儿，他开着辆越野车来了，小伙子长得粗壮敦实，光头，络腮胡子，一身黑衣，黑色体恤的胸口印着一只虎头，开着虎口，露着虎牙，虎视眈眈。图案上方有英文字母："BURN"。有人告诉我这是"燃烧"的意思。"魁爷"果然很爷们。

那天是我与元魁初次相识。

在溪源熬夜做茶，累，在所难免。但是因为要去挂墩，一坐上元魁的车，那种疲惫顷刻全无，兴致勃勃，像是注射了兴奋剂。

进入桐木关，拐入去挂墩的山路，风景很美。由于人迹罕至，自然生态极好，不时有不知名的山鸟在车窗外飞过。山路果然崎岖。路窄，弯道多，元魁娴熟地把着方向盘，在途经很陡险的路段时，车上的人有过山车一般的感觉。一路上，我留意把着方向盘的元魁，话不多，但沉着专注，是个心里有谱、动作果敢的年轻人。到了目的地，我对元魁说："说实话，我开了20多年的车，也算老司机了，这段路我开不了。"元魁笑笑："还好吧。"这淡淡的"还好吧"三个字，让我盯着他看了好久，这样的路，对他也许是司空见惯，不必大惊小怪。他或许开过更为险峻的山路。

下车后，我们就迫不及待地扑向茶山。途经山间水沟，我想到互联网上介绍过这里有世界上罕见的挂墩角蟾，被称作"角怪"的崇安髭蟾，还有蝾螈、雨蛙、大头平胸龟、丽棘蜥，等等。这些特有的两栖爬行动物和品种丰富的鱼类，说不定能在水系周边与我们不期而遇。

果然我们看到了鱼，大大小小有十几条，那么安适，那么悠闲，我们走近了，它们仍然毫不惊惶、慌张。那种闲云野鹤、我行我素的状态，在都市郊外，是绝对看不到的。我看到过把河水抽干捕鱼，甚至用电网捕鱼，在挂墩目睹鱼与人类之间如此互不干扰、互不伤害、和平共处的生存状态，我真是感动。我问元魁："知道这是什么鱼吗？"对茶很有研究的武夷山人觉得这问题有点专业，只是说："这里鱼的种类有几十种，有些你在别的地方还看不到。"

尽管没与挂墩角蟾邂逅，我还是很满足。挂墩村位于群山凹处，四面环山，海拔 1 300 多米，是桐木关海拔最高的自然村之一。挂墩有"天然氧吧"之称，空气中单位体积的氧含量很高，呼吸这里的空气，顿觉像这里产的茶，一种清甜凉爽的感觉沁人心脾。

沿着崎岖山路，我们步入半坡上的茶园。挂墩是一处让生物学家珍惜流连赞颂的圣境。茶园周边，林竹茂密。我除了识得几种常见的树木，如棕榈、杜鹃之外，别的多不识。一些珍稀植物，如香果树、黄山木兰、鹅掌楸、银鹊树等，即使被我撞见，也只能与它面面相觑。

正是采茶旺季，有十几位女子在茶园俯仰之间采摘着新绿的芽叶。那红色、黄色的外衣点缀着一片翠绿，好看得也是一道风景。

去茶园的路并不好走，有怪石嶙峋，有凹地水洼，间或可见林间野花，白霜般裹着茶树枝干的苔藓。行走其间，我想起《茶经》中有句："其地，上者生烂石……"陆羽未写过武夷茶，未写过桐木挂墩，但这里的茶正是生于烂石丛中。周边淙淙溪流、野花野草、围着山花翩飞的蜂蝶、不时飞过的山鸟、常常云雾缭绕的气候，无不叙说着挂墩茶叶生长环境的得天独厚。

在茶山，元魁仍然不多说话，只是默默相伴。看见我和殷慧芬想拍张合影照，他会微笑着走过来，为我们选景、按相机。我后来才知道，他还是位摄影好手，拍过许多好照片。

中午时分，元魁说，他在三港附近桐木溪旁的农家饭店安排了午餐。在即将告别挂墩的时候，挂墩却要挽留我们。一辆小车紧紧顶着元魁那辆车尾部，元魁的车进退不得。问了一旁的村民，方知此人是挂墩村的老村长，挡道的车正是他们家的，司机是他儿子，走开了，车钥匙在他儿子手里。正是老天不让我们匆匆离开挂墩。老村长倒也热情："既然走不了，那就在我这里喝茶吧。"

老村长家也做茶，在茶山采茶的妇女们正把茶青一筐筐往他家送，连地上也摊堆着鲜叶。老村长先是泡了一壶八年前的正山小种，说他老婆差点将这老茶扔掉，是从他老婆手里"抢救"下来的。挂墩的小种红茶自然好，正在品味之间，谁知第二壶他泡绿茶了，我说："绿茶你总比不过龙井碧螺春吧？"他

114

不买账，说："生态环境好，不管做红茶绿茶都好。"这理由倒也充足。我跟老村长开玩笑："桐木关有名的是金骏眉银骏眉，你这绿茶叫什么?"众人笑着，七嘴八舌为这绿茶取名，"绿骏眉""挂墩翠袖"……挺热闹。这茶与龙井、碧螺春、雨花茶比，外形很一般，泡在杯中展开后，叶片明显较大，有点接近江浙一带的炒青。我品后觉鲜爽度还不错，于是向老村长要了两泡，想回去试味，看老村长说得是否在理。

这里的村民几乎每户都有茶山和竹林，大多还有正山小种的红茶作坊。一栋栋白墙红瓦青瓦的楼房，有电灯、电话、液化气、自来水、太阳能热水器等设备，日子过得很不错。这正是这里独特的生态环境的恩赐。

离开挂墩，在桐木溪畔的农家饭店用过午餐后，元魁邀请我们去他家喝茶。他家在桐木关最北面，再往前就是关卡了，出了关卡便是江西的领地。因此，觉人笑说元魁家住桐木关关顶，他们家的正山小种就是"关顶小种"。

元魁推开他家后门，指着满山坡绿郁郁的一片，告诉我，这就是他们家的茶园。他家后门的一角有蜂箱，小伙子还自己酿蜜。他掀开竹匾上的盖布，露出一角，说："这是我今年正在做的'关顶小种'。"

屋里，隐隐散发着丝丝甜糯的香味，发自元魁酿的蜂蜜，还是他正在做的'关顶小种'？或者说是我们从挂墩带来的甘爽的山野气息？我分辨不清。

从弥陀寺到佛国岩

2016年初春，武夷山作家黄贤庚向我推荐山北的弥陀寺，说这座按旧时原样修建的寺庙，砖木结构，素墙黛顶，古朴宁静，是一块净土，没有丝毫商业气息，很值得一看。

第二天下午，我就请武夷山朋友觉人、梅子当向导，寻访这座深山古刹。

黄贤庚先生向我介绍的弥陀寺，建于清乾隆七年（1742），嘉庆元年、道光二年两次重修，同时统管山北广宁、佛国、佛应、清源四寺，曾经香火兴旺。1949年后，僧人散去。之后一度成为茶厂，但终因古屋因缺维修，笈笈危乎，成为无人问津的危房。九年前，归畈多年的佛家女弟子释宗英只身到此修持，立志孤守。她的执著虔诚，感动善士仁人捐资协助，终使这座古寺重现。

弥陀岩，武夷山九十九名岩之一，位于佛国岩东北侧。与佛国岩相比，小了些，远远望去，如一小尊佛像盘膝坐在蒲团上，故名弥陀岩。

午后，在暖暖的日光下攀山越岭，不多时便浑身冒汗，山路崎岖，幸亏一路茶园风光赏心悦目，让人走着山间小道却不觉得累。

弥陀岩周边遍种茶树，坑涧似乎不如我到过的慧苑坑、牛栏坑等幽深，但因为游客稀少，环境则更显安静。茶园大凡较为开阔，在这乍暖还寒的季节，茶树一棵棵都探出绿色的脑袋，沐浴在阳光下，生气勃勃。

弥陀岩四周原来是出口武夷岩茶的大宗产地，茶叶种植面积较大，这里的肉桂、水仙品质都不错，有款叫"金锁匙"的名丛，最早就产自弥陀岩。

梅子说，她有一个好朋友在这里也有茶园，种植"千里香"等名丛。好朋友的父亲曾经是崇安茶场的老职工，负责技术这一块。现在退休了，不少茶企都想叫他去当顾问。他不去，只想待在家里享清福。母亲是当年采茶工，采过母树大红袍的茶青，这在当年是一件很骄傲很光荣的事。

我们边说边走，山崖边，一拨游客迎面而来，六七个人，走近了很奇怪地问我们："你们怎么会走到这里来？"

我说："你们不也来了吗？我们有当地朋友带路。"

对方笑了，说："这弥陀寺，一般游客不知道，你们这是深度游啊。快去，弥陀寺主持正在泡茶迎候你们呢。"

终于看见弥陀寺了，淡泊宁静，不张扬也不显赫。寺前，一棵桂花树有三百多年树龄，旧时的石槽上刻着"光绪二年"的字样。两只黑狗见有生人来，叫了起来。女主持吆喝着让狗别叫，笑嘻嘻地请我们去喝茶。

这位女主持就是释宗英。我们喝着茶，听她说事。她76岁，在这里孤身度过九年，前四年住在牛棚，其间还有人装神弄鬼想吓跑她。后在她师父帮助下，修此寺庙。没修时，这里没人来，吃的米是她自己从山下背上来，蔬菜自己种，修庙后，有人来了，但还是不多。

我望着她单薄的身影，觉得这是一种修行，一种信仰。相较于急功近利之人，她的这种守望着实难得。

在弥陀寺小憩后，觉人问："要不要去佛国岩？那里有个老茶厂旧址，民国时张天福在那里做过茶。不过，路有点难走。"

"去吧去吧，来了就去。"释宗英鼓励我们。

于是，我们又翻山越岭往里走。

关于佛国岩，《武夷山遗产名录》记述："岩体方正耸峙，端庄肃然。岩势向东南翘起，高数十米，南北横亘约300余米，岩壁峭立，岩色赤赭与垩白相间。北端山岩连绵，东壁岩壁上覆下敛，岩壁有多条纵向裂隙。""北侧隔谷有巨石似抬头仰天的人头，鼻、嘴、下巴、眼睛都十分逼真。游客站在岩下，俨如置身佛国，膜拜妙相庄严、端庄肃穆的众佛之前。"

岩下佛国寺，相传为乾隆年间创建。佛国岩茶厂在原先的佛国寺内，"茶禅一家"在此又一次被印证。

历史上，武夷岩茶也曾经有过萧条期。抗日战争期间，武夷山许多茶园被荒废。国民政府为重振茶业，1939年派张天福回福建筹建示范茶厂。第二年，崇安示范茶厂建成后，张天福任厂长，一面生产茶叶，一面开展培训教育，佛国岩茶厂为当时的生产教学基地。据说这茶厂还是张天福发明的"918"揉茶机最早使用的地方。在试用过程中，张天福每天做记录，提出改进的方案。

黄贤庚曾在《闽北日报》发表文章《武夷岩茶功臣》："据说1949年他（张天福）在佛国岩茶厂做茶，下山后才知'城头变幻大王旗'——崇安县城已被解放了。"

佛国岩茶厂，是武夷山内现存为数不多的老茶厂，听说保存还较完整。但有的老屋年久失修，也已摇摇欲坠。不抓紧去看一下，说不定什么时候就没有了。

山路弯弯曲曲，高高低低，绕山爬坡，虽然难走，但当佛国岩终于出现在我面前时，仰望其南北延伸长几百米的雄伟岩体，我深感这次行走很值。尤其看到山岩因纵向纹理凹凸起伏，形似排列并不规则的众佛站立，法相庄严，我立即想起日本京都三十三间堂的形状各异的佛像，顿生虔诚之心。与三十三间佛像比，这佛国岩鬼斧神工的形体似乎更抽象，因此也给我生发出更多的想象空间。

佛国岩四周树木葱茏，茶园绵延。佛国岩茶厂作为当年张天福创办的示范茶厂，附近培育了许多名丛，如今也许因为市场需求，大部分茶树都已被改种为肉桂，但有一部分名丛还是幸运地存留了下来。长得很有些年份的老枞水仙也时有可见。

老茶厂的厂房仍在，远远望去，黑瓦黄泥砖墙，围墙外，一丛丛老茶树错落有致。厂房背后是一片竹木树林，再背后就是雄阔庄严的佛国岩。黄的、黑的、青的、绿的、赭的、白的，几种颜色构成的画面很有层次感。我注目凝视，忽然觉得茶厂背靠佛国岩，是块风水极好的宝地。

但是，被冷落，鲜有人迹，却是不争的事实。残缺的石阶、丛生的杂草再明白不过地说明此处已被人们遗忘。

由于年久失修，茶厂房屋已很破败，部分土墙已经倒塌，但门楼楣额上"佛国岩"三个繁体大字的旧时遗痕仍在。

踏进门楼，呈现在我面前的场景，那种破败，那种凌乱，那种荒芜，那种摇摇欲坠，都显现着这里无人打理已久。我坐在一块被弃置的石块上，入眼的一切，唯有远处茶园的一抹绿色还让我感到些许欣慰。

步入屋内，做青间、炒揉间、烘焙间、烘青楼、晒青走廊等旧迹仍在，但屋顶的破损，墙体的斑驳，上世纪张贴纸张的碎片……太多的景象已不堪入目。我看到当年留下的白铁皮旧茶箱，那是上世纪七八十年代的遗物。我想那时还有人在这里做过茶，那么现在为什么反被废弃了呢？

屋里，只有我们四个人行走的脚步声。临别，我见到一位看守老人，据说是个酒鬼。他说他日夜守在这里。"大雪天、暴雨天、高温天，只有我一个人，夜里山风呼呼地刮过，门窗屋顶都会发出奇怪的声音，像鬼叫一样，很骇人的，你们无法想象，不信你待一夜试试。"他向我如此描绘，我相信。孤身独处荒山野岭，也许唯有酒是他的慰藉。

关于这个酒鬼，还有一些负面的传闻，但此刻，我看到的是他的另一面，那是他对这个老茶厂的守望。

几年过去了，2020年茶季，我看到梅子在微信朋友圈新发的视频："风和日丽，千里香开采啦。"一长队采茶女背着箩筐、茶袋，在绿色茶园中行走，配着音乐，喜气洋洋，很有点仪式感。梅子告诉我，那片茶园就在通往弥陀岩、佛国岩的路两边。

我对那里的回忆又被这视频勾起，那个弥陀寺的女主持释宗英和佛国岩茶厂的荒凉又浮现在眼前。我问梅子现在那里怎么样，梅子说："弥陀寺有时我们也去，顺便给女主持带给食品、日用品，至于佛国岩茶厂现在也打理得不错，武夷岩茶那么火，谁不想能在那块风水宝地做茶啊！"

在林则徐出生地品茶

林则徐出生地位于福州中山路 19 号，从我入住的酒店步行到那里也许只要十来分钟，在福州的朋友怕我不认路，提早开车到酒店接我，开着导航在湖东路上行驶，语音提示却总叫他在前方调头。来回折返好几次，找不到北。停车问路，方知福州这条中山路也许是全国最短最小最不起眼的以"中山"命名的路，开车一不小心就会掠过。

清乾隆年间，林则徐父亲林宾日用教书所得微薄积蓄典得福州左营司（今中山路）小屋一座，几年后，林则徐在此出生。嘉庆年间，林则徐中举、家境稍宽裕，遂买下此房。房屋为木结构，较简陋。林则徐描述："每际天寒夜永，破屋三椽，朔风怒号，一灯在壁，长幼以次列坐，诵读于斯，女红于斯，肤栗手轶，恒至漏尽。"

林则徐出生地 1997 年修缮后被列入福州市文物保护单位。2018 年 9 月，我应邀在那里为读者签新书《寻茶记》，可谓难忘。在那里参观游览的可谓不计其数，但能在那里签书品茶的作家，能有几个呢？

前些年，我策划编辑《人文嘉定》，得知林则徐在道光年间为治理浏河，两次到过嘉定。史载林公"每坐小船，数往来河上，查勤惰，测浅深，与役人相劳苦，不烦供亿"。浏河疏浚结束后，林则徐因仰慕明代文学大家归有光，专程到位于嘉定西部的古镇安亭，寻访震川书院，书楹联："儒术岂虚谈，水利书成，功在三江宜血食；经师偏晚达，专家论定，狂如七子也心降。"忆及林则徐当年行迹，一百多年后，我到林则徐出生地，是否算是嘉定学人的一次回访？

说难忘，还因为主办方"心洁茶业"的掌门人任淑洁把林则徐第六代嫡孙、原福建省人大副主任林强先生请来做嘉宾。由林则徐后人陪我参观林则徐出生地，听他讲祖先身世，给我留下的记忆太深刻。

林则徐的"虎门销烟"可谓妇孺皆知。林则徐治水，我也有所闻。让我新知的是林则徐与茶的千丝万缕关系。2015 年，福建省茶叶学会为纪念林则徐诞辰 230 周年，《茶缘》杂志出过专辑。我细细阅读，面前像是打开一扇窗。

《茶缘》专辑刊登了林强先生的《茶香绕庭——林则徐和

茶》。"茶贸易与鸦片战争""奏折议茶""文稿论茶""品茗赋诗""出席茶宴""以茶会友""三坊七巷茶人""闽北之缘""旅途饮茶""馈赠名茶""题写茶联""喜爱茶具""涉茶古帖题跋",所有的篇章无不与茶相关。穿越时空,我像是遇见了我所尊敬的长者和知音。

此文让我知道举世闻名的鸦片战争和茶叶之间的关系。在18—19世纪,中国的茶叶成了英国的重要进口商品,英国用白银换取中国茶叶。白银短缺之后,东印度公司提出运送鸦片到中国的计划,设立鸦片事务局,垄断印度鸦片的生产与出口,用鸦片在中国的销售收入换取白银,用以支付购买茶叶等货款。鸦片的大量输入,给当时中国造成极大危害。道光十八年(1838),清政府任命林则徐为钦差大臣,赴广东查禁鸦片。1839年4月,林则徐上奏《英国等趸船鸦片尽数呈缴折》,建议"凡夷人名下缴出鸦片一箱者,酌赏茶叶五斤"。1839年6月,林则徐虎门销烟。1840年,鸦片战争爆发。

因此,从某种意义上,在鸦片战争之前,还有一场没有刀光剑影、炮火硝烟的"茶叶战争"。

"佛戒偏宜宽酒户,诗情都为检茶经","银瓶乍泻秋涛日,石铫新煎活火红,茶梦圆时参梵课,几声钟磬翠微中"……林则徐的许多诗文都无法自抑地表达了他啜茗吟诵的喜茶之情。"风物蛮乡也足夸,枫亭丹荔幔亭茶",道光九年(1829)夏,他在为父丁忧守制时,在《和冯云伯(登府)〈志局即事〉原

124

韵》一诗中，还不忘夸赞家乡的武夷茶。

林则徐喜爱茶乡闽北，北上出闽境，来回经过闽北据记载有 16 次之多。"余家福州，距建溪五百里，然每出闽境必取道焉。尝览其山川，接其人士，未尝不欢然意满，盖余驰外者数十年矣。今春过建州，慨然有移家之志……"这是 1850 年他为昔日鳌峰学友、建瓯人黄封 70 岁时写的"寿序"中的句子。"欢然意满"，乃至一度想迁居闽北，我想除了闽北的山清水秀、人杰地灵外，就是因为满山弥漫的茶香。

1828—1829 年，福州贡院整修，林则徐应邀撰联，其中有内容与茶相关，如"攀柱天高，忆八百孤寒，到此莫忘修士苦；煎茶地胜，看五千文字，个中谁是谪仙才"。句中尽现士人煎茶与修身读书的甘苦。林则徐"花气入帘松翠在壁，琴韵流阁茶香绕庭"和"竹露煎茶松风挥尘，桐云读画蕉雨谭诗"两对茶联，我尤喜欢，那种尘外的隐逸境界令人向往。

林强先生在演示屏幕上一一讲解之后，任淑洁请来宾品尝她精心准备的武夷好茶，"茶香绕庭""岩香心洁""深凹古韵""乌金岩韵"等每款都让人有"地久天长""欲罢不能"之感。

这"茶香绕庭"的茶名，就是林则徐茶联中的词句。"心洁茶业"好几款茶叶的名字都从林则徐诗句茶联中所选。"心洁茶业"于 1997 年创立，第一家门店就设在林则徐出生地。历经二十余年的风风雨雨，今天的"心洁"已成为一家集种植、生产、研发、销售和文化推广为一体的综合性茶企，在业内有一定影响力。任淑洁自豪地说："心洁"是在林则徐出生地成长、壮大的。

2016年我曾经踏访"心洁茶业"在武夷山的茶叶基地吴三地，之后写了《吴三地的老枞水仙》。我把那里茶的很深很远的根，与任淑洁的爷爷奶奶联想在一起。这一回，我在林则徐出生地品茶，感慨"心洁"岩茶的根似乎还更深更远，可以一直延伸到一百多年前林则徐与茶的因缘……

重走九龙窠

上世纪九十年代，殷慧芬因参加中国作协组织的笔会，来过武夷山。她向我描述武夷山的山山水水，尤其是武夷山的茶。我对武夷茶的钟爱，很大程度上是因为她那时带回来的老枞水仙、肉桂和正山小种。但对山水的感受，听她说和自己的亲历是不一样的。

2010 年 7 月，有朋友约我们夫妇去武夷山。那时，我脑子里对这个被联合国教科文组织认定为世界自然和文化双遗产的风景名胜之地是一片空白。游程由旅行社操办。旅行社的常规路线，大红袍母树是必看的。大红袍母树就在九龙窠。

初走九龙窠，我印象较深的有三件事。第一件是九龙窠岩壁石刻，"岩韵""晚甘侯"几个红字在赭色岩壁上是那么醒目，而苏东坡、范仲淹、朱熹等古代文人留下的诗篇又让我深感武夷山人文历史的厚重。尤其兴奋的是，我看到了清代崇安县令陆廷灿的诗："桑苎家传旧有经，弹琴喜傍武夷君。轻涛松下烹溪月，含露梅边煮岭云。醒睡功资宵判牍，精神雅助画论文。春雷催茁仙岩笋，雀尖龙团取次分。"

陆廷灿是上海嘉定南翔人，著有《续茶经》。我在 2008 年 3 月撰文《茶仙原是嘉定人》，写的就是陆廷灿。之前，知道陆廷灿的人并不多，在他的家乡也几乎已被忘却，1949 年之后的嘉定地方志、南翔镇志一字都没提及。我曾遇见一位研究地方史志的朋友，问及陆廷灿其人其事："地方史志为什么没把陆廷灿编选进去？"他却认为："如果把陆廷灿选编进去，那该选的太多了。"我顿时无语。

而武夷山人却铭记着他，这岩壁诗刻就是明证。

另一印象深刻的就是瞻仰大红袍母树。关于母树大红袍的种种传说，已与神话相差无几，去武夷山一睹它的风采，是我多年来一个很牵挂的心结。我们在石板路上走了近一个小时，过茗丛园，看见岩壁上"大红袍"的石刻和六株大红袍母树，我的心立刻虔诚。艳阳高照，那一霎，我只觉那丛茶树在丹崖衬映下艳红如火，仿佛真的身披红袍，红灿灿，异常炫目。一个个相关的美丽故事也像电影般在眼前映现。

第三件事与我喜欢喝的一款叫"石角"的武夷名丛有关。"石角"，因母树生长于岩石一角而得名，知道石角的人不多，喝过这茶的更少。有几家自称做了多年岩茶生意的店铺，每逢我问及此茶，都很茫然。我查阅茶书茶典，也未见有记载。池宗宪的《武夷茶》一书中《慧苑岩八百种茶》一节列举了铁罗汉、素心兰、醉西施等133种茶名，却不见石角。我曾一度心生疑惑，这石角会不会是茶农徐良松和陈林萍家随意取的茶名？直至2010年，在九龙窠茗丛园，岩茶珍贵品种被刻在石碑上，石角名列其中，我才释然。

那次回上海后，我写了篇《武夷问茶》。这是我第一篇写武夷山和武夷茶的文章，此后欲罢不能。

一晃十年。十年间，武夷山变化很大，我对武夷山的认知也更多。十年里，我多次来武夷山，再也不走旅行社设定的常规路线。我走的是一条当地茶农的"非旅游"之路。比如鬼洞、牛栏坑、马头岩、水帘洞、流香涧、小九曲、打炮石、观音岩、珠子洞、广陵亭、竹窠、燕子窠、祖师岭、弥陀岩、佛国岩、龟岩、白云岩、齐云峰、下梅村、星村、黄村，乃至更远的吴三地、溪源、后源、桐木关、挂墩……而忽略了九龙窠。

这种忽略，并非主观上的故意，而是我每次来武夷山，朋友们为我排的日程太满，而武夷山太多的景色也确实让我"应接不暇"。

十年后重游九龙窠，是一次不约而同的契合。庚子年的新冠肺炎，让我一系列的寻茶计划无法兑现。5月，国内疫情已得到控制。上海茶友王英想去武夷山，出发前问我："老师，你想去吗？"

我原本已憋得难受，就脱口而出："好啊，一起去。"

那是鼠年我第一次坐公共交通出远门。好心的朋友考虑我们的安全，还特别用心地为我们准备了医用口罩、消毒手套、帽子、护目镜等，全副武装。

与王英相识是在我朋友陆飞的一次生日聚会上。陆飞因为喜欢茶，称我为师。她也凑热闹跟叫。其实，于茶我也只是一个票友，不懂之处不少。因此尽管他们对我很尊重，我还是把他们当作茶友。

王英在上海浦东恒大茶城有茶铺，经销各地茶叶。2019年底，她加盟"武夷星"茶业，做"武夷星"在上海的代理经销商。举行仪式那天，宾客云集，她很诚恳地请我做贵宾，还买了不少我写的《寻茶记》，无偿分发给与会朋友。"武夷星"的几位销售形象大使也邀我什么时候去他们企业看看。我随口答应了，王英就记在心里了。

到了武夷山，"武夷星"的代表安排看茶园。九龙窠这一块就是他们的山场。

我又看见岩壁石刻。如果说十年前对这些岩刻知之甚少，那么现在就有了更多了解。比如"晚甘侯"三个狂草大字，并非是传说中的晋代王羲之所书。宋代陶谷《清异录·晚甘侯》有记："孙樵《送茶与焦刑部书》云：'晚甘侯十五人，遣侍斋阁。此徒皆乘雷而摘，拜水而和。盖建阳丹山碧水之乡，月涧云龛之品，慎勿贱用之！'""晚甘侯"由此成为武夷茶的美称之一。重读苏轼、朱熹、范仲淹的诗句，则又一次让我感受武夷山、武夷茶曾让多少名士倾恋。

嘉定先贤陆廷灿的岩刻诗下，一丛丛绿树已长高许多，茂密许多，以至这首七言诗的下面几个字看不清楚。这似乎有某种象征意义。2008 年我写陆廷灿的文章在《新民晚报》发表后，嘉定南翔先后在 2016、2017 年连续两年举办"陆廷灿茶学思想暨《续茶经》研讨会"。从遗忘到重视，这位《续茶经》作者重受瞩目。那位曾对陆廷灿不以为然的研究地方史志的朋友，后来也写文称"陆廷灿是古镇南翔的一张文化名片"。这种对历史人物价值取向的转变，体现了陆廷灿正被越来越多的人所关注，就像岩壁诗刻下的绿树越来越丰盈茂盛。

十年后，我们老了，满头白发成了青山绿水的点缀。我和殷慧芬行走山水之间，时常相互照应。过九龙涧马齿桥时的那一霎，我们手携手，被王英他们抓拍了下来，成为一个美丽风景。

我又看见了母树大红袍，如果说十年前我觉得如同神话一般，那么这一回现实了许多。十年里，武夷山茶人为我讲了不少关于母树大红袍的故事，比如黄贤庚的父亲、人称"老喜公"的黄瑞喜，曾是做母树大红袍的摇青师傅，我在《"老喜公"的后代》一文中曾这样描述："最值骄傲是他（黄瑞喜）为天心永乐禅寺做过大红袍母树茶叶。黄贤庚说，有一回他们兄弟去看他，做茶的青间门口有士兵持枪站岗。老喜公见儿子来，神情非常严肃，不让他们进青间。从那时起黄贤庚始知大红袍的神秘珍贵。"而黄贤庚本人，在 2017 年 1 月 10 日参与为母树大红袍填土施肥、剪病枯枝，丈量其高度、面积，清点枝干，掌握第一手资料，写下《说不尽的大红袍》等文章，为武夷山关于大红袍的茶文化作出贡献。

十年里，我还结识了黄贤庚文中写到的六株母树大红袍中补种其中两株的传奇人物罗盛财。罗盛财，高级农艺师，1964年毕业于南平农校，先后任崇安县（今武夷山市）综合农场场长、武夷山市农业局局长，著有《武夷岩茶名丛录》。2019 年，我跟着年长我 2 岁的罗盛财在龟岩走茶山，听他讲关于母树大红袍、老君眉等名丛的美丽故事。两株母树大红袍是他在 1980年分别从第一、二丛上剪枝扦插种植的。

另一位与母树大红袍密切相关的人物，就是首批国家级武夷岩茶（大红袍）非物质文化遗产传承人王顺明。1987 年王顺明任武夷山综合农场场长、党委书记，1993 年任武夷山市岩茶总公司总经理，1996 年兼任武夷山茶科所所长，守护、管理大红袍母树近 20 年。

十年前，我和他们素不相识，十年后，彼此已成文中好友，茶中知己。

我坐在"武夷星"的茶棚里，喝着"百谷"系列岩茶，品尝着用大红袍制作的茶叶蛋，望着崖岩上的母树大红袍，脑际浮现的已不是传说故事，而是罗盛财、王顺明、黄贤庚他们种植、守护、丈量母树大红袍的活生生的具体图像。恍惚中，我甚至觉得我也在其中。母树大红袍，从天上回到人间。

十年前，武夷山曾一度把所有的岩茶都统称"大红袍"。我们曾经在一家茶铺买过肉桂，结果装盒时，盒子上的茶名还是大红袍。我为寻找一款叫"石角"的名丛，曾经的煞费苦心，仍记忆犹新。

十年后，我不但又看到"茗丛园"那块刻有"石角"等茶名的石碑，而且还看到茶园里竖着不同品种的茶名，有耳熟能详的水仙、肉桂，大红袍、水金龟，也有鲜为人知的"金毛猴""佛手"等。我还看到了一款"老君眉"。

我在 2019 年专门写过《寻找"老君眉"》，比较翔实地记录了武夷山茶人如何重新发现、培育"老君眉"的经过。而在十年前，《红楼梦》中贾母喝的"老君眉"究竟是洞庭湖上的"君山银针"、福鼎的"老寿眉"，还是武夷山的岩茶，还各持己见。此刻，我漫步九龙窠，看到满园碧绿的"老君眉"，我又一次感到，十年，在武夷山的翻山越岭、寻根究源，很值。

九龙涧畔，我看到了那棵"不见天"母树，我心生感慨。

罗盛财先生《武夷岩茶名丛录》所记："不见天，无性系，灌木型，中叶类，特晚生种。原产九龙窠九龙涧狭谷凹处，石壁梯层两层相连共 8 株老茶，以终日极少阳光直射而得名。悬崖高处留有石刻'不见天'三字，相传该茶系神仙所栽，高层第三丛为正丛……"

有意思的是，罗盛财把"不见天"编为JM001号，列在该书之首。

十年前我在九龙窠只顾瞻仰大红袍母树，而忽视了悬崖上的"不见天"母树。回想往事，我为今日相见而分外欣喜。

九龙窠孕育着太多品种的岩茶，形状不同、品性各异，各具个性，即使久不见天日的"不见天"，也吐露着令人陶醉的岩骨花香，这让九龙窠魅力四射。

重阳，我们上嵛山岛采茶

恰逢重阳，我们上嵛山岛采茶。一起上岛的，除了福鼎茶人叶芳养，还有沪上文艺评论家吴亮一家。

那是 2013 年。几个月前，吴亮和南京艺术家汤国到我家喝茶，我以福鼎白茶款待。听我介绍白茶如何被称"一年茶，三年药，七年宝"，如何"功同犀角""价同金埒"，吴亮兴趣极浓，当天回家后即赋诗一首："乱读陆羽经，未敢慕闲情。牛马岂朋辈，茶道费脑筋。嘉定迎逦客，送友回金陵。我亦种茶去，相随到福鼎。"半年未过，他真的"相随到福鼎"了。唯一不同的，他不是去种茶，而是去采茶。

在我的印象中，吴亮不怎么喜欢多走路。但一到嵛山岛这个中国最美十大海岛之一，他的状态明显不一样，一件蓝白格子的短袖衬衣，领子微微敞开，左手握一瓶矿泉水，夹了件短袖黑马夹，半黑灰半白的长发在海风中微微飘动，走在岛上，神采飞扬。路边是高低不一的野茶树。树丛中间或有几株这个节气才有的黄白色芦苇。绿与黄白混杂的色彩，在蓝天的映衬下，极美。

吴亮的女儿秋瞳是个小摄影家，很能拍照。眼前的美景让她忙得不亦乐乎。天空、云彩、风、茶山、大海、湖泊、茶农，乃至一朵小小的鹅黄色茶花，都成了她镜头摄取的对象。她说，在上海看不到。

我不知道吴亮一家过去有没有这样的经历，只知道这一天他们很放松很快活。吴亮像做学问一样询问茶农的神情和秋瞳采茶时发出的笑声，让我记忆深刻。

从嵛山岛回到茶厂已是傍晚，把自己采的茶青一一排放在竹匾上晾晒，秋瞳比谁都用心，因为这一匾茶有她的劳动成果。吴亮走近的时候，我恍然觉得这长方形的竹匾，有点像放大了的稿笺，而他铺放茶青的样子像在这笺纸上写着他的句子，而且是他习惯的长句。

晚饭后，叶芳养准备了纸笔，说上海作家都是文化人，好不容易来一次福鼎，总该留下点墨宝。我拗不过他，一口答应。铺开宣纸，稍一思索，写了"我亦种茶去，相随到福鼎"。那是吴亮的句子，我拿来先用，偷懒当了回"文抄公"。吴亮哈哈大笑："那我写啥呢？"他脑子好，出口成章，即兴写了"福鼎尘烟少，白茶故事多"，博得众人齐声喝彩。

稍后，叶芳养又拿出两张 45 公分见方的宣纸，说："你们今天采了茶，晾晒干后我压茶饼，你们回上海时带走。茶饼取什么名字，你们自己写。"

吴亮挥笔写了"秋瞳白茶"四字。他说："这茶饼有纪念意义，我要留着，让吴秋瞳长大后看看。"

我稍作思索写了"福福芬芳"四字，解释说："第一个'福'是福鼎，第二个'福'是我本人……"话还没说完，众人就接着说："我们知道了，'芬'是殷老师，'芳'是叶芳养。"这些人智商都不低。

嘻嘻哈哈中，众人在桐山溪畔度过了一个愉快的夜晚。几天后，离开福鼎时，叶芳养把已经制作好的茶饼"秋瞳白茶"和"福福芬芳"给了吴亮和我。接过茶饼的一刹那，一股清香迎面扑来，太好闻了。

回上海后，叶芳养来电问我这次福鼎之行的感受，之后单刀直入："有什么灵感啊？有好的建议、创意可一定告诉我，启发我们茶厂的经营思路。"

这分明是给我出考题了，当然难不倒我。登岛采茶那天正是重阳，"九九"重叠故称"重阳"，古代民间有登高祈福等习俗，今又增添敬老等内容。"九"为数字中最大，有长久长寿之意。好的白茶本就是健康饮品，我把重阳与叶芳养的茶连在一起，建议他在敬老、祝老人健康长寿上做文章，做一款祝福长寿的白茶饼，爱茶人既可以收藏，待若干年后人茶俱老时再喝，也可以当作礼品孝敬长辈。此茶若推出，应该有不错的市场。

叶芳养大喜："那你给这茶取个名。"

叶芳养嵛山岛的茶园那时已被有关机构认定为"张天福有机白茶示范基地"，那一年张天福已年逾百岁。我脱口而出："就取名'百岁长寿白茶'。"

叶芳养在电话的另一头拍手叫好。

两三天后，他把包装纸的设计图样发给我，听取我的意见。白底，黑字，"百岁长寿白茶"六字垂直居中，左面有"叶芳养手制"字样，为方便收藏，还有"编号"等。有意思的是周边一圈红字为一百个"寿"字，百"寿"之间，上下左右分别镶嵌了我的手写体"福福芬芳"。我笑起来。叶芳养告诉我这四个字代表产地、创意人和制作人，他说必须标明。

茶饼250克，各用三种不同毛茶压制：2012年采摘的白牡丹、极品白牡丹、2009年的老寿眉。老寿眉最便宜，极品白牡丹最贵。

我被叶芳养团队的这种认真所感动，居然也想买一批茶饼收藏。殷慧芬拍手叫好："我们挑最贵的极品牡丹。以后我们每年开一个茶饼，一直喝到一百岁。"

还没正式投产，我们就首先下订单，叶芳养喜不自禁："好啊，这茶饼有收藏证，编号001号就归你和殷老师了。"不久，我收到这批茶饼，果然有收藏证，果然是001号。我好喜欢好珍惜，忍不住在朋友中显摆，也馈赠好友。

2019 年春天，我又去福鼎，叶芳养说这款茶卖得很好，已库存无几。他从不多的库存中给了我一些 2009 年老寿眉压制的"百岁长寿白茶"饼。

我不想夸大白茶的功能，更不认为人们喝茶都能长命百岁。我取名"百岁长寿白茶"，只是一种祈愿。

每天晚上掰一块老寿眉茶饼，投在日本南部生产的铁壶中煮熬，听着它沸腾时发出的丝丝低鸣，带点药香的茶烟在屋子里升腾弥漫，在这寒夜封闭的日子里，真是一种精神享受，我因新冠肺炎疫情被困在家的郁闷身心，也顿时生出些许温暖。

四上九峰探生态

2013年4月，我第一次去福鼎九峰山，那里是国家森林保护区，森林面积六七千亩，叶芳养的三百亩茶园四周林木环抱，葱郁树林、路边不知名的花花草草，近于原始的生存状态，环境极好。

以后几年，我每去福鼎，叶芳养总问："去不去九峰山？"

我好想去。但是为了尽可能不去惊扰那里与世隔绝般的安静，我还是婉言谢绝。再说年龄大了，膝盖每弯曲一次就有隐痛，也怕登高。

2015年6月，我与叶芳养有过一次义乌兰溪之行，他在那里采购了相当数量的石斛，说要引种到他的九峰山上去。"九峰山生态好，很适合铁皮枫斗生长。"他如是说。次年初春，我又去福鼎访茶。我问："九峰山的铁皮枫斗长得怎么样了?"叶芳养笑说："很好啊,要不要去看看?"于是有了我的再上九峰山。

与三年前我初上九峰山那次相比,山路已无坑坑洼洼,小车也不再颠簸,叶芳养用卖茶赚的钱重新修筑了一条可供两车交会的水泥路。

上了山,我看到了树干上的铁皮枫斗。鲜绿的茎叶和嫩黄的小花像在向我诉说它们在九峰山过得很好。大树是它们寄生的母体,苗壮的树干爬满青苔。附近的野茶树长得比我个子还高,根茎处也是密匝匝的苔藓,茶树的叶片上有虫咬的痕迹。冬天刚过,天气乍暖还寒,落叶遍地。叶芳养说:"这落叶腐烂了,就是茶树最好的肥料。"这里的生态还是那么好,空气还是那么澄澈干净。

走山路,登高爬坡,我已不如三年前。我和叶芳养在落叶铺满的山坡上傻傻地坐了很久。叶芳养指指点点,我放眼远望,看见了起伏山丘、蜿蜒山路,再往远,看见了海。当我把目光转向另一边时,看见一幢在建的小楼。

叶芳养说这幢小楼是他盖的。"你每次来,总说在厂里给你搁张床就行,工人们怎么住,你也怎么住。那怎么行呢?我盖这小楼,完工以后,你来福鼎就住那里,住多久都可以。你有作家朋友要找个安静地方写作,也可以来这里。"

在远离尘嚣之地,找一块清净之地品茶读书写作,是我多年的心之向往。我起身,拍拍身上尘土落叶,说:"走,看看去。"

规划中的小楼有四层，我们去的时候，混凝土结构已完成三层。边走边看，叶芳养向我介绍建成后每一层的功能。指着三楼的其中一间，他说："这一间就留给你。你和殷老师来，就住这里。"我呵呵笑着，人到一定年龄，年轻人不嫌弃，还处处想着你，还是蛮有幸福感的。

恍惚又一年。2017年春天，常州茶友相约去福鼎，我三上九峰山。那天，细雨蒙蒙，九峰山像披上一层白纱，在薄雾时隐时现，宛若仙境。山上叶芳养的小楼已封顶，正在内装修。

新盖的小楼前有几垄田，各种蔬菜长势喜人。叶芳养说，以后你们住山上，就吃山里新鲜的蔬菜，什么时候吃，就什么时候采摘。

在山里转悠，有60多年树龄的野茶又长高了。一种野生的红果子，小小的，挂着雨露，清鲜欲滴。茶树丛中，一枝新绽的茎叶向上伸展着婀娜的腰身，在薄雾秀色可餐。绿树掩映中一块鲜红的宣传牌在晨雾中依然醒目。上面写着：张天福有机茶示范基地。

2018年8月，我在微信朋友圈中看到图片，九峰山新盖的小楼已经竣工，鹅黄色的墙体在绿色茶园中分外醒目。令我惊叹的是从小楼通向茶山的路铺了木栈道，蜿蜒曲折，足足有千百米，茶园中还设有凉亭供人小憩。我甚至一度疑惑：叶芳养这小子是不是想开发旅游？若真要开发茶旅，那我要对他说不。

其时，我恰有新书《寻茶记》在上海书展举行首发仪式，我请叶芳养等书中茶人做签售嘉宾。叶芳养再次向我发出邀请："你忙过这阵，请你到福鼎来，今年你还没来过呢！你住在九峰山好好休息几天。"

我接受了邀请，于是就有了四上九峰山。

9月5日，我坐动车到达福鼎。叶芳养接站。一见面我问："我请你到上海书展做签售嘉宾，你家太太是不是有意见啊？"

"哪里噢，她高兴死了，说我这个种茶人现在也混文化圈了。我一回家，她抱住我亲我脸，亲了左边还亲右边。"说罢，他哈哈大笑。我想起书展那天有读者叫他"叶老师"，他伸着舌头满脸惊讶的神态，也哈哈大笑起来。

上车后，他直接拉我上九峰山。在微信朋友圈中看到的图片顿时在眼前化为实景。听说我是入住九峰山的第一批客人，叶芳养他们为让我吃好住好，昨日带着表妹周蓉蓉、侄女叶守红忙碌了整整一天，采购食材，打扫房间。我着实感动。

叶芳养将我安顿妥帖后，请我在凉亭喝提梁大壶茶。四面山风，坐在凉亭里清爽惬意，环视四周，九峰山还是山清水秀，满目苍翠。

也许一路劳顿，喝着提梁壶的老白茶，既解渴又解乏。我正感慨着这茶的生长环境，在味觉和视觉中享受着美好，凉亭里忽然走进两位大汗淋漓的年轻人来。叶芳养介绍说，年轻人来自泉州，是相约来洽谈业务的，等了他很久。在等他的时间里，他们上山看茶去了。

我见状，不想耽误叶芳养和客户的商务洽谈，便对一旁陪同的叶守红说："我们也上山看茶去。"

沿着新铺的木栈道去看森林怀抱中的茶园，比前三次走高低不平的石阶和泥泞湿滑的小路，自然省力许多。

将熟的柚子沉甸甸地挂在树上，呈现金黄的色泽，木栈道跳来一只蚱蜢，见我们走过，反而瞪大了鼓起的眼睛瞅着我们，毫不惊惶。九峰山生态仍然十分完好。晚夏初秋时节，天气还十分炎热，没走多久我已汗流浃背。我曾经想过半途折返打退堂鼓，想了一下，终究还是继续迈步，气喘吁吁走完全程。

下山后，叶芳养问："叶守红说你曾想半途而废的，为什么后来还坚持走到底？"

我笑道："年龄大了，体力一年比一年差，我也想省力。我走完全程，就想看看九峰山的茶园究竟打没打农药，你的有机茶示范基地是否名副其实。"

这次来福鼎前，我听有人说："现在种茶，不打农药的几乎没有。关键在于是不是超标。白露茶，寒露茶，说明福鼎白茶一年四季都在采，不打农药简直不可能。"听到这些言语，我想：叶芳养的茶园真如他所说的一直坚持不打农药？我要找机会探个究竟。

叶芳养大笑："那你今天是'微服私访'啊？你突然袭击，事先也不说一声。怎么样，有什么发现？"

我说："有一年，有个村子让你承包茶园，你带我一起去考察。我看后觉得不错，你却说不行。原因就是他们打农药施化肥，用除草剂。你带我在水沟边看被丢弃的装农药的瓶子、塑料袋。你说，你承包后可以不打农药，但土质被破坏了。我用你教我的方法，在九峰山的沟壑里找装农药的瓶子、塑料袋。"

叶芳养笑问："找到没有？"

我说："没有。"

在山上，我看到的是黄色的诱虫板，还有被虫咬过的茶叶，裹着苔藓的茶树根茎，垄间还来不及人工锄去的野草。叶芳养的九峰山"张天福有机茶示范基地"是令人信服的。

我这时才发现刚才与他谈业务的两位泉州年轻人已不在。我问："他们是不是又要买你的茶？"

叶芳养实话相告："房子盖好了，我不搞旅游，但总有人来住啊。生活垃圾怎么办？两位泉州年轻人是垃圾处理机的制造商，我和他们商量这件事。'张天福有机茶示范基地'这块牌子不能倒啊。"

叶芳养思考的，仍是九峰山的生态环境。

九峰山有机茶示范基地，不仅由中国的权威机构认证，而且还有欧盟和美国的权威机构认证。

叶芳养的茶企在福鼎规模不是最大，品牌也不是最有名，拙著《寻茶记》多篇写到他，也许有人还会嫉妒。叶芳养在当地比他在大上海还低调。我对他说："你不必担心别人嫉妒，因为我在福鼎行走，各家茶号的广告牌铺天盖地，但敢亮出'张天福有机茶示范基地'的，只有你一家。"

也许因为我的鼓励，一个多月后，他远渡重洋，在美国出席"北美中华茶文化高端论坛"，拿着我的《寻茶记》和他的茶，很骄傲地说：

"我们做到了 0 农药，0 化肥，0 添加。"

一本书与一款茶

2018年春夏，我的《寻茶记》即将出版，统稿，配图片，看校样，与编辑讨论开本、版式、腰封文字、封面设计……我忙得不亦乐乎。

书稿送厂付印之后，我在微信朋友圈、自媒体公众号推广宣传。有人说，写作是孤清地写，喧嚣地作。我的"作"虽不"喧嚣"，却也紧锣密鼓。之所以如此，无非是想让书卖得好些。

消息一发，不少茶友要求预订，其中，福鼎白茶非遗传承人叶芳养一开口就要500本，说是以后谁买他茶，就送楼老师的书。

几天以后，他又向我要封面设计图。他想配合《寻茶记》出版，制作一批茶饼表示祝贺。要封面图，是想在茶饼包装上与书的风格保持一致。

叶芳养的这个举措，让我意外和感动。

我很喜欢这本书的封面设计。据编辑介绍，设计师曾获得过"中国最美图书奖"。底色的绿，让人联想到茶山、茶园、茶树的颜色。这款绿，用七种颜色调配，中国茶也有七种类别：绿茶、红茶、白茶、黑茶、青茶、黄茶、花茶。我不知道设计师的创意是否含有这个意思。一簇深色的茶似有动感，也许是随意挥洒，却让我想起书中人物陈盛峰炒雨花茶时扬起的叶芽，武夷茶人徐良松摇青时在竹筛上跳舞的茶叶，我冲泡福鼎白茶时在杯中沉浮的银针……不尽意境，无限想象。

不久，叶芳养发来设计样图，那是一张45公分见方的专用绵纸，足够包裹一枚100克的茶饼。茶饼的用料是贡眉。

传统贡眉原料是春天的菜茶，《国家标准GB/T22291—2017白茶》中对贡眉的定义为："贡眉：以群体种茶树品种的嫩梢为原料，经萎凋、干燥、捡剔等特定工艺过程制成的白茶产品。"

贡眉比寿眉高级，却又具备寿眉的优点，存放时间越久，不断陈化，内含营养物质不断沉淀升华，口感更稠滑醇和，药香味更浓郁。

7月下旬我收到少量《寻茶记》茶饼。是日，殷慧芬的外甥女带她女儿来嘉定做客，亭亭玉立的女大学生成了这款特殊茶饼的最早拥有者。

我在微信朋友圈推介："为祝贺新著《寻茶记》出版，福鼎白茶非遗传承人叶芳养专门定制了一批贡眉茶饼。8月，这位'70后'的传奇茶人将作为嘉宾携此茶饼亮相上海书展助阵。"

书展首发式日益逼近。编辑告诉我，《寻茶记》的征订情况、读者反映都很不错。为应对读者的热烈反响，组委会决定8月19日在嘉定分会场，8月20日在上海展览中心主会场分别举办两场签售会，以方便在嘉定的和市区、全国各地的茶友文友粉丝选择。为了不辜负叶芳养的一片真诚，我还在自媒体公众号上做了个预告：

喜欢这块专为新书《寻茶记》定制的纪念茶饼吗？一级有机野生贡眉制作。我将在主会场和分会场各备若干作为礼品答谢书友茶友。如何获得，请各位密切关注近期发布的"涵芬楼文稿"公众号文章。扫一扫，关注、转发、留言并获精选前五名，在书展现场购书，都有机会获得。

我还特别介绍：叶芳养，16岁开始做茶，目前在嵛山岛、九峰山、白马岗、三十六湾、金亭林场拥有茶园3 000多亩，多处茶园获得权威机构认证"有机白茶示范基地"。

果然有读者转发和留言。有朋友说，读了书，喝了茶，这张别具一格的茶饼包装纸也值得收藏。如果现场有写书人和做茶人的共同签字，更有意义了。

8月19日，远道而来的叶芳养亮相江南古城嘉定。昔日，他陪我攀茶山；这天，我伴他走书店。因为做茶人身上夹带的气息，一片书林仿佛茶香氤氲。

下午3点开始，签名售书就停不下来。一个多小时，300本《寻茶记》一销而空，场面火爆。嘉定分会场原为方便本乡本土的书友茶友而设，没料还从上海市区分流过来不少粉丝，江苏扬州、安徽宣城、美国加州等地也有赶来。

第二天，主会场继续火爆，读者排队从二楼到一楼。一小时签售，书展备书全部卖空。许多读者抱怨没买到。书展工作人员看不懂，哪能介许多人要买？连签售嘉宾陈盛峰等都没买到，只能由出版社后补。我的朋友陈鹏举称：本次书展第一卖家。也有朋友称：躁动不安的世界，需要一颗茶人的心，好好沉静下来。常州的茶友刘丽蓉说："我对工作人员提意见，书投放量太少。楼老师的书有太多人喜欢，特别是写作背后的故事，这热情挡不住的呀。"

叶芳养拿着《寻茶记》和纪念茶饼，在签售会上豪迈宣布："欢迎大家到白茶之乡福鼎来做客，楼老师的《寻茶记》就是你们的通行证。这本书只是'护照'，我们今天的签名，相当于'签证'。"引来众人认可的笑声。

一书惊动全国各地朋友。本以为我寻茶十余年，甘苦自知，两天签售，方知读者与我共甘苦！文字和茶叶共同架起一座美丽的桥，遇见是缘分，延续是情分。作为一位码字人在全国各地拥有这么多粉丝，足以自慰。

上海书展结束后，我应邀在上海和全国各地签售《寻茶记》，嘉定农村、陆家嘴金融界、乡镇图书馆、IT行业的公司，山东临沂、江苏南京、苏州、徐州，福建福州、福鼎、武夷山，河南郑州，河北石家庄，云南昆明……几乎每一次与书友互动，我都带着茶饼做礼品，书香茶香始终相伴。

2018年11月，叶芳养拿着我的《寻茶记》和他制作的纪念茶饼，很骄傲地应邀出席在美国举办的中华茶文化高端论坛。

两年多过去了，持有这款茶的朋友来做客，我问："你喝过了吗？"他说："没有，茶生书，书又生茶，这茶饼太有意义，我留着做纪念呢！"

我和他都笑了。原来有一种茶，除了可以喝，还可以留着做纪念。

从烟墩看白茶之乡

叶芳养买了 500 本《寻茶记》，准备分发给茶友们，说是要为宣传福鼎白茶作点贡献。在他的茶厂，我为茶友们签了一个多小时的书，欲罢不能。

我开始写福鼎白茶是在 2009 年。那时，在上海一说白茶，人们就以为是安吉白茶。安吉白茶其实是绿茶，每次我总要费好多口舌向人解释，以至于不得不比喻说："就像有的黄种人，皮肤白一点，你不能说他是白种人。"

福鼎白茶在十年前人们确实知之甚少。《寻茶记》中写福鼎白茶的篇幅不少，叶芳养以此书为白茶作宣传，自有他的道理。

书到福鼎后，叶芳养一直催我去那里签书。2018 年 9 月 5 日，我抵达目的地，当晚在九峰山茶叶基地签，第二天，又被安排在茶厂签，忙得不亦乐乎。

被粉丝们簇拥的感觉虽好，但一刻不停，也累。时值高温，不一会儿，我的T恤就被汗水浸湿。叶芳养见状，不知从哪里找出一件新T恤："楼老师，你去换一下。"我感谢他关心。换上之后，他不断用手机对着我拍照，我一看那T恤上面印着"芳茗茶业"字样，方知我无意中又成了他的活广告。

签完书，叶芳养说："走，我们去烟墩看风景。"

叶芳养自己开车，拉了他侄子叶素海陪伴，说是方便照顾我们两位古稀老人。通往烟墩的路很窄，七拐八弯，到了一个叫"光明寺"的小庙，车就无法再往前。我和殷慧芬各自找了一竿竹杖，跟着，从寺庙旁的一条山路去烟墩。

叶素海做茶卖茶之前，是个大学中文系毕业的教师，对地方上景点的历史有较多了解。他告诉我，所谓烟墩山，其实是明代抗倭的烽火台，而我们脚下行走的地方，老人们称"河边寨"。

往前走，眼前一片茶园，随着山坡高高低低此起彼伏，如同碧海。几位茶农正在俯仰采茶。江南茶乡不少地方一年只在春季采摘，比如苏州洞庭碧螺春，过了谷雨一般就不采摘。这里不一样。过两天就是白露，他们采的是白露茶。

福鼎白茶在白露、重阳、寒露等节气前后都有采摘。有一年秋天，我们夫妇和文艺评论家吴亮一家在嵛山岛就采过重阳茶。《红楼梦》第八回写到宝玉喝枫露茶。枫露茶，是什么茶？

产自哪里？是不是福鼎白茶？都有待于考证。但名为"枫露"，说是秋天枫叶红时采的茶，倒是有几分道理的。

远望茶园，看到的是一片深深浅浅层次不同的绿，走进茶园，细看一棵棵一株株，却觉千姿百态，就连色泽也不是清一色的绿。有的叶片四周，镶了条暗红的边，有的整棵树，叶子呈金黄色。茶树丛中，间或还会斜出几枝不知名的野花来。我东张西望着，每次与茶树近距离接触，就像孩子似的天真快乐，心也干净得像没有被污染过的清水，与茶农交流对话，身上仿佛又增了几分质朴。

茶园的路并不好走，许多地方根本没路。我和殷慧芬拄着竹杖，侧转身子，在茶树垄间艰难行走，好在有叶芳养叔侄照应。

烟墩就在前方。远望只是附近的一个制高点，四面空旷。山顶的一棵老枯大树孤零零地兀立着，是个引人瞩目的风标。出茶园后，一段山路遍是石砾，高低不平，像是在故意与我们作难。上烟墩时，有一二处颇为陡峭。叶芳养上去后，要拉一把，我们才能攀到高处。

登上烟墩，秋风吹来，环看四周风景，心里觉得爽爽的。

向北看，一片白色建筑在茶山环抱中，那是中国白茶第一镇——点头镇。

太熟悉了，我来福鼎不下十次，点头镇是我逗留最多最久的地方。这不仅因为叶芳养的茶厂在点头，还因为张天福有机白茶基地九峰山林场的 300 亩茶园也在点头镇。九峰山茶园新建了栈道、观景亭，那亭子的名字就叫观洋亭。观洋，一是因为地名，二是坐在那亭子里放眼远眺，看得见大海。

有一年，叶芳养得闲，陪我在镇里上上下下里里外外走了一天，这里是省级重点文物保护单位——清代妈祖天后宫，那里是清代乾隆年的黄氏古民居，还有福鼎白茶一条街，早先叫"鼎台茶叶一条街"，集聚了几百家福鼎茶企的门店。过去外地茶商来采购白茶，都去福鼎市里，现在都到点头镇来了。因为这里更集中。我知道叶芳养前几年有门店在市区滨江，这几年也撤回到点头镇来了。他的侄子叶素海、侄女叶守红也都有自家的门店，一个叫"太姥古道"，另一个叫"福宁古道"，店名的来历还都与我写的《寻找白茶古道》有关。

说起白茶古道，叶芳养往西指了指，那里是柏柳村，号称白茶第一村，是福鼎大白茶的原产地，白茶古道的起始地。前几年我去过，是著名茶人梅筱溪的家乡。我和梅筱溪的后人、福鼎白茶国家级非遗传承人梅相靖见了面，喝了他做的茶，看了他们家的清代老屋，听他讲梅筱溪的故事。

再过来一点，是举州。叶芳养在那里有个分厂，他的合伙人林厂长与我讲过马仙宫旁那棵黄花梨大树的故事。河中的马齿桥是当年白茶古道的一部分，我在河边曾连连赞叹举州的生态环境好。

往东，看得见大海，那是八尺门内湾。再远一点是嵛山岛，我想起了最早在嵛山岛种茶的辛亥革命元老朱腾芬。这位孙中山先生的幕僚正是点头镇人。他的故居仍在。

点头镇如今是国家级特色小镇、福建十大产茶明星乡镇，铁路、国道环绕，水陆交通便捷，所产茶叶久负盛名，是国家级茶树良种福鼎大白茶（华茶 1 号）、福鼎大毫茶（华茶 2 号）的原产地，全镇有茶园三万六千多亩，茶叶加工企业数以百计，其中不乏省级农业龙头企业、宁德市级农业龙头企业、福鼎市级农业龙头企业，百余家茶企获得 SC 认证，全镇 80% 以上的人口从事涉茶行业，全年茶的总产量以及涉茶总产值相当可观，产量、产值居福鼎之首。

尤值得一提的是，我身边的这位点头镇人叶芳养，他的多处茶叶基地被认证为"张天福有机白茶基地"，所产白茶获得包括美国、欧盟在内的国内外权威检测机构的有机认证，笑傲江湖。

除了叶芳养的芳茗茶业外，还有六妙、瑞达等著名茶企。点头镇可谓群雄逐鹿。

站在当年烽火台，俯瞰今朝白茶之乡，沧海桑田，让人心生感慨。

从烟墩重返观洋叶芳养厂里，又有读者"围堵"。这一回，有不少是我熟悉的，比如举州的林厂长，陪我寻找白茶古道的李厂长，也有我初次见面的。他们一手拿《寻茶记》，一手拿他们做的茶。我在扉页签名时，都要我写上款，有好几个都叫叶芳养"师傅"。

叶芳养不无得意，对着他那些不同年龄的徒弟说："现在不兴叫师傅，要叫老师。"

我听罢大笑。半个月前，在上海书展，他被读者簇拥着要求签名，好几个学历颇高的年轻人叫他"叶老师"。初中没毕业，16岁就开始做茶的叶芳养，实实在在的一个农民，从未听过有人喊他老师，涨红了脸，扭头尴尬地向我伸了伸舌头。我回以鼓励的眼光，他才大方自若地为读者一一签书。

谁知才回到家乡这么几天，他居然要求徒弟们改口了。他说："我呢，今后叫你们，也不叫徒弟，叫学生。你们记住了？"

他说着，哈哈笑起来，为我一一介绍他们。我签书后，他又叮嘱："把带来的茶给楼老师，让楼老师品尝一下我的学生做的茶。"

这些学生中有不少确实是他的骄傲。比如叶素海，他拿来的老寿眉是在斗茶赛中得过状元的。又比如，一个叫小张的，现在是福鼎市政协会员。还有一个叫婷婷的，她和她的父亲、哥哥，都跟叶芳养学过做茶，他们家做的茉莉花茶在福鼎独树一帜。

我拿着年轻人送的茶，沉甸甸，却喜滋滋。我又想起在烟墩环视白茶之乡的四面风景。从历史上的朱腾芬、梅筱溪到今天的叶芳养、梅相靖，再到更年轻一代的叶素海他们，点头镇的好风景正是一代又一代人的心智和汗水所孕育。

点头，传说中宋徽宗曾向这个白茶之乡点过头。这也许是杜撰和想象。但是，今天，有那么多喜爱白茶的人们向点头称许，却是不争的事实。

金亭的林中茶园

第二次去金亭林场了。第一次去是 2015 年 5 月，为的是寻找福鼎白茶古道。那天车在点头、白琳、磻溪一带山里转悠，山路曲折狭窄、高低不平，一路颠簸。古道从一座山背后延伸过来，又向另一座山盘旋而去，两边绿树杂草掩映，忽上忽下，时隐时现。更多的崎岖小路，车不能行驶，便只能步行。足迹到过的三十六湾、五蒲岭、白马岗、举州等地，在我之后的文章中屡有提及。唯一遗漏的是金亭林场。

金亭林场明明是那次寻访的第一站，却偏偏被遗忘。什么原因？我说不清。现在回想，那时叶芳养刚承包林场近三百亩防火带，要在那里种茶，于是带我去看。我印象较深的是山下有个水库，一湖清水像碧玉镶嵌在山岭中，很美。

此外的记忆便是行走在防火带时的百般艰辛，荒草、枯木、荆棘、乱石、坑坑洼洼……有的地方连立足之地都难找到。天气燠热，穿短袖衫都汗水直流，心中不免抱怨：叶芳养带我到这种地方来干什么？既无茶树可看，又是蛮地一片，总不见得叫我垦荒。七旬老汉有一种被折腾的感觉。

之后我每年去福鼎看茶，连碗窑、烟墩、桐山等游客很少涉足的地方都去了，唯独没有再去金亭。

2019 年 9 月，我又到福鼎茶乡，夜宿九峰山。叶芳养问："这次想去哪里看看？"我一时答不上来，反问："你说呢？"

"35 度高温，别走太远了，就去金亭林场看看我们的林中茶园。"他说。

"就那山上的防火带？那次让我走得好辛苦。"

叶芳养笑了："现在很漂亮，你去了就能感觉到。"

第二天，叶芳养要参加市里会议，安排他的侄子叶素海、侄女叶守红和合作伙伴李求行做"带路党"。2015 年那次也是李求行带的路。有意思的是，我提出"白茶古道"这个概念后，叶素海和李求行分别注册了与古道相关的公司和商标："太姥古道""福宁古道"。据说有茶人愿意花大钱请他们转让，他们都没舍得。

叶素海是大学中文系的毕业生，当过教师。相比他叔叔叶芳养，墨水自然多喝不少，下海做茶卖茶是近几年的事。做茶卖茶之余，他也关注福鼎白茶的人文历史底蕴，比如白茶古道。

这些年，他翻山越岭，寻旧访古，积累了不少资料。他说这么做，是受了我的启发。"楼老师，你提出的白茶古道概念，在我们这里影响可大哩，你走过的三十六湾五峰桥茶亭，成了旅游景点，常有人在那里举行茶会，有人还用'三十六湾'注册公司呢！"

去金亭林场途中，在一个叫亭头的地方，叶素海让李求行靠边停车："这里有一个茶亭，我们下去看看。"

那是间破屋，两坡顶，墙基是石块所砌，墙砖一半青一半红，从外表看还算完整。两边有门洞，分别连结两头的山路。我随素海走进门去，里面破败不堪，断梁残柱，屋顶全是一个个大窟窿，天光投射下来，屋内的一切斑斑驳驳，石窗和砖墙上长出了青苔和野草。对古建筑一直颇有兴趣的我看到横梁的拱撑还是雕花的，我由此推想古人在建这歇脚茶亭时还是不马虎的。

茶亭旁有住家，门牌上写着"亭头 81"。竹匾上晾的白茶青叶已经枯黄，想来是 81 号这户人家的。

叶素海指着茶亭门洞两头连结的山路，告诉我："这条路也是白茶古道。"我说："上次你叔叔没带我来，今天你带我来了，也算有收获。"一旁的叶守红听哥哥这么一说，拉着殷慧芬拍照去了。

到金亭林场的时候，太阳已经升得很高，虽已近中秋，酷夏的余威却丝毫不减。我打卡似的在林场的一幢旧楼前照了一张相，便随素海他们进山。除了我们，四千亩地的林场似乎空无一人，但山民们生活过的痕迹尚在。老屋前的竹木支架上晾着空竹篮，一棵不知名的树上黄花开得很艳，横卧在地上的枯树干上长出了菌菇。周边林竹茂盛。林间有条石铺设的小路，素海说，那也是一条古道。

穿越这条古道，我们不知不觉已走到山腰，眼前出现一片茶园，蜿蜒盘旋着，像匹抖开的绿色宽幅缎带，往上看是茶树，往下看也是茶树。我琢磨着，这里就是我以前来过的林场防火带？那时可真是一片荒芜啊。仅仅四年，旧貌变新颜。这四年里，叶芳养和李求行他们付出了多少汗水？

这时，负责这片茶园的李求行噌噌地一个人下山坡去了。他去看什么，我不知道，但从他的神情看，那种激动和深情分明像看见自己孩子一样。我看看身边的茶树，阳光下，新叶像半透明的翡翠，长得那么好，心想，他有什么不放心呢？

待他重新走上来，我问他发现什么了。他笑笑："没什么，长得都挺好。"

我说："是啊，不要太宠着它们，有时候放养比圈养好，自由自在地享受阳光和山野气息，多好！"

再往上，路更难走。素海说，走上去，在山顶看风景，很漂亮，还可以看到水库。读过中文系的年轻人也许很难改掉身上的文艺范，我深藏着的老文青的情结这时也冒了出来。我说："好啊，上。"一行五人艰难地上攀，最难走的一段，叶素海搀扶着殷慧芬。

一片茶树周边有许多岩石，我高兴地叫起来："这里也有岩茶啊！"叶素海说："是啊，陆羽说'上者生烂石'，长在烂石边的茶就是好茶。"

有一段山坡较陡，找不到路，我只能手脚并用。终于登顶的那一刻，我松了口气。海拔600米，高温，我虽七十有余，尚能登顶，笑傲群峰。感慨之余，又增几分人生的自信。

从山顶俯瞰，山下偌大的水库像小小一盆水。周边包围着茶园的千亩林木一片苍翠，一株株在山风中轻曳的茶树像在向我频频点头，欢迎我再上金亭林场。

2015年春，我为寻白茶古道，我来过这里，那时茶园连影子都没有，防火带荒草枯树，寸步难行。现在，完全变了样。远看，绿色长河般的茶园在高大浓密的林木的掩映下美丽、浩荡、壮观。

站在山头，我眼前闪过亭头沧桑的百年茶亭，古人雕刻的梁柱尚在，却由于无人打理，如今破败不堪。而四年前的这块林场防火带，由于叶芳养、李求行承包后的精心呵护，变蛮荒之地为美丽的林中茶园，成了叶芳养他们继九峰山、嵛山岛、白马岗之后的又一有机茶基地。事在人为啊！

柘荣高山白茶有点甜

我在福鼎访茶时候，看到《茶道》杂志的公众号上有报道柘荣在北京推广高山白茶的文章。读了之后，我对福鼎茶人叶芳养说："柘荣的高山白茶似乎也不错哎！"叶芳养笑问："想不想去看看？"我说："好啊。"他立马联系上了刚从北京参加推广会回来的柘荣桂岭茶业的负责人林氏兄弟，还安排正在柘荣编纂地方志的福鼎人吴维泉做"带路党"。

柘荣东接福鼎，西连福安，南靠霞浦，北邻浙江泰顺，历史上几度撤建，全县人口仅 11 万有余，是福建省人口最少的小县，却自古有"闽浙咽喉"之称。

桂岭茶业是一家集茶叶栽培、加工、销售和茶文化传播为一体的农业产业化龙头企业，创建于 2008 年。前来福鼎接我们的是刚从北京推广会回来的林良希。

从福鼎到柘荣仅一个多小时车程。抵达柘荣县城桂岭茶业的门店后，林良希为我们泡他们家的高山白茶，讲述了他们的创业过程。桂岭，原来是一个村庄的名字，现已改称岭后村。林良希的二哥林良尧原是村支书，为让村民脱贫致富，他开创村企合作、土地流转、农户入股的发展方式，建成高山生态茶园三千多亩，实现公司、村集体、茶农三增收，为柘荣县总结出"岭后经验"。"生态先行，品质第一"的理念，让他们的高山茶在全国、全省和宁德市的"茶王赛"中屡获殊荣。

岭后村的茶叶基地海拔较高，常年云雾缭绕，气候温和湿润，昼夜温差大，土质肥沃。林良希的介绍让我有一种想去看一看的迫切心情。吴维泉却说："看茶山要挑最好的时间去，黄昏那时拍的照片最美。在这之前，我们可以先看一些人文景观，比如明代名臣游朴故里。"他告诉我，他还安排去富溪古镇，那里是真正的"浙闽咽喉"。第二天去东狮山、鸳鸯草场，看看长寿之乡的生态环境。

吴维泉自称茶乡摄影师，这些年背着相机一直在八闽茶乡四处奔波，近年因受聘为柘荣编志，对柘荣的人文历史、自然风貌乃至一砖一瓦、一草一木都有足够的了解。整个计划滴水不漏。

游朴故里在上黄柏村。村口，有千年红豆杉耸立。正是收获季节，古树下，几位妇女正在剥油茶果晾晒。我们介入其中，边体验丰收，边聊家常。一位年过八旬的老太拉着殷慧芬的手，互称姐妹。老人满面红润，身子挺拔健硕，还邀请我们去她家喝茶。看着耄耋老人还在劳作，深觉这种健康的状态，就是柘荣好山好水的滋养之故。

自然生态好，茶当然不会差。在去桂岭茶叶基地的沿途所见，证实了这一点。在一个叫老蛇弯的地方，林良希停了车，领我们绕到山后。之所以称老蛇弯，就是因为生态环境好，是蛇盘踞的地方。山里人这么一说，倒让城里人有几分忧虑。山路坎坷不平，荆棘丛生，并不好走，但绕到背后，俯瞰岭壑之中的茶园，真可谓景色万千。

正是深秋，满坡的草木正由绿转黄，呈现着不同层次的色差。芦苇和枯草在近处摇曳，远处却是层层青山环抱。中间，一个绿得发亮的呈梯田状的山岭，就是他们的茶园。隐约可见的几排白墙黛瓦建筑就是茶叶基地所在的岭后村。

岭后村村口也有一棵千年古树，那是棵参天松柏。林氏兄弟的老家紧挨着村委会，是幢四层楼房，面积足有一二千平方米，平时只有他们的老爸老妈居住，三兄弟都住在县城。这幢楼，在我看来更像是村委会的附属设施，走近了，门口果然有什么岭后村"教育基地"之类的招牌。

林良希在他家茶室请我们喝一款曾获"中国白茶茶王赛"金奖的白牡丹，叶厚，形美，冲泡后汤色金黄，入口甘醇。我不知这有点甜的味觉是否与高山气候、土壤、环境有关。

岭后村对茶叶的栽培、采制，还讲究二十四节气的时令。村口所筑"日晷"雕塑是村民们观日影而究茶事变化的标志。

　　正如茶乡摄影师吴维泉预言，黄昏的茶山是最美的。太阳西斜时刻，阳光温暖却柔和，林良希开着车盘旋而上，在盘旋中，透过车窗我感受着深秋茶园的光影变化，阴影处的暗绿，明亮处的翠绿，夕阳余晖投射处更像是为茶树镀金一般。小车一直可开到山顶，我们行走层层梯田般的茶树丛中，如同置身画中。

　　夕阳下，高山茶园的美，不仅在金光笼罩的茶树，还在天空和云彩的变幻。山顶的凉亭、波光粼粼的蓄水池无疑是这美景中的点缀。我们贪婪地呼吸着空气中的负离子，流连忘返。

　　即将下山的时候，我看到四块宣传牌，详细地介绍了岭后村三千多亩高山茶园的由来和管理、目标和措施。在"领头雁"一栏中，有原村支书林良尧和现任的村支书林国宝等人的名字。而林氏兄弟中的老大林良串的名字则列在"技能人才"之中。"建强一个堡垒""耕耘一方水土""延伸茶叶产链""带动群众增收致富""描绘一幅壮景"等字句，再明显不过地阐明了"岭后经验"的精髓，岭后茶香因此而更久远。

　　晚饭安排在富溪古镇。富溪古镇不少老屋仍保留着。我看到了昔日的老茶庄"广顺福号"，看到了老银票，有"广顺福号""袁日升号""陈寿春号""魏协春号"……有意思的是这"袁日升号"正是林家兄弟的外公家。从昔日的茶庄"袁日升号"到今天的桂岭茶业，这其中是否有一种传承？

晚饭后，我们又去县城桂岭茶业的门店喝茶。凑巧的是，前不久带着柘荣茶企去北京推广高山白茶的柘荣县人大副主任朱丹也在。

柘荣和福鼎山脉相连，人才互济。这次去柘荣看高山白茶，鼓励我去的叶芳养是福鼎人，做我"带路党"、精心安排行程的吴维泉是福鼎人，此刻，与我邂逅、分管柘荣县茶叶发展的领导朱丹又是福鼎人。柘荣和福鼎互为比邻，如今在许多方面仍然你中有我，我中有你，关系密切。福鼎白茶这些年来发展势头良好，柘荣的高山白茶，是否也会像福鼎白茶一样，火一把呢？我充满期待。

初识霞浦元宵茶

旧时霞浦与福鼎同为福宁府，山水相连。这些年，我为白茶，常去福鼎，有时一年去几次。霞浦的朋友见了，总问："你去福鼎，怎么不到我们霞浦来看看？"

2019年清明刚过，我在福鼎看茶，在上海的霞浦朋友陆飞获悉，要我一定去霞浦看看，说："我从上海赶回来陪你。"

4月10日，我在福鼎的茶事活动暂告段落，他得知，真的从上海赶回家乡。

翌日早晨，气温骤降，有雨，他果然出现在我下榻的酒店大堂。风雨与寒冷都挡不住年轻人的热情与真挚。我恭敬不如从命。

从福鼎到霞浦不到一小时的路程。一下高速，一块"霞浦元宵茶"的大广告牌出现在我眼前。我知道闽东各地都产茶，与福鼎毗邻的霞浦当然不例外。惭愧的是，霞浦产什么好茶，我却茫然。我问陆飞：这"元宵茶"是怎么回事？他告诉我，这是一种绿茶，因为在正月十五左右就开始采摘，故名。

我以前只知道浙江的"乌牛早"是采摘较早的绿茶，再就是贵州广西一带，气温热得比江南早，但采茶的时间一般也在三月初。如今听说霞浦有采摘更早的茶，而且直接以"元宵"冠名，我有点惊讶。

当天下午，陆飞叫来一帮喜茶的朋友陪我喝茶，还带来他自己珍藏的陈年普洱，我包里也有好茶，比如离开福鼎时叶芳养给我的两泡"九五之尊"和 2000 年的"状元茶"以及云南"厚沃"制作的冰岛十年陈熟普。

酣畅淋漓之后，陆飞问："楼老师，你还想喝什么茶?"我脱口而出："霞浦元宵茶。"

陆飞在霞浦的那些从小与他一起玩耍的"赤屁股兄弟"有点意外，却都有办法。"我打电话，叫他们准备，我们明天喝。"一位茶友立即拨电话，叽里咕噜的闽东话我大多听不懂，只依稀听到"要最好的噢"。

第二天，他果然带了元宵茶来，与众人分享。

品茶时，一位懂茶的朋友向我介绍：霞浦历史悠久，先民依靠海上交通的方便，很早就引进茶叶生产技术，开山种茶，在唐代已是闽东茶叶的主要产区。明代，谢肇制《长溪琐语》中记载"环长溪百里诸山，皆产茗"，可见其时遍山茶绿之盛景。即使在今天，霞浦与福鼎白茶的关系也很密切。关于元宵茶，他介绍更多："'霞浦元宵茶'原名'福宁元宵绿'，原产于霞浦洞凤山脉东麓崇儒乡后溪岭村。民国年间，有村民在樟坑村发现一株特早芽茶树，后采用分株法繁殖，取名'春分茶'，这就是霞浦元宵茶的前身。培育霞浦元宵茶经历了几十年的时间。元宵茶茶园大多在群山环抱的山坳中，自然环境云雾缭绕，荫蔽高湿，朝夕饱受雾露滋润，成就了它的品质。"

无论从地理环境、气候条件还是采制时间，我感觉这茶应该很不差。我说："明年元宵采茶时我来看看。"

朋友们知道我写的书《寻茶记》颇为畅销，为福鼎白茶、武夷岩茶写过不少文章，有的甚至还知道我和福建省茶叶学会冯廷佺会长有个"闽茶行"的计划，此时听说我想实地去看霞浦元宵茶，高兴得一口答应："好啊，欢迎啊！到时我们来安排。元宵茶，大家知道不多，就是宣传太少。"

有茶友见我如此关注元宵茶，又开始打电话。他说他有位女同学是生产元宵茶的霞浦县茶场场长。霞浦县茶场，是当地元宵茶的主产区，种植元宵茶有 500 多亩，是霞浦元宵茶的龙头企业。"我叫她赶过来，向楼老师介绍介绍我们的元宵茶。"

茶友的女同学叫陈兵，一个女性企业家取了个有点阳刚的名字，似乎有点巾帼不让须眉的意思。

不久，陈兵来了，那是个中年女子，清秀朴实。我们互相认识后，陈兵从手提袋中取出茶来，那小铁皮盒上，正中间张天福所题"霞浦元宵茶"五个字分外醒目,左上角写着曾经获得的荣誉:"2004 年被中国绿色食品发展中心认定为 A 级绿色食品、2008 年荣获第十五届中国(上海)国际茶博会金奖、2011 年荣获福建省名优茶金奖、2005—2013 年连续 8 年被评为宁德市农业产业化龙头企业",右上角是经过认证的"绿色食品"等标志,在张天福题词的下方有"中国第一早,开春第一泡"十个字,我想这也许是这款茶的广告语。

陈兵打开小包装纸袋,展现在我眼前的干茶呈扁片状,貌似龙井茶,只是芽叶较龙井更幼小细秀,色泽翠绿中含嫩黄。冲泡后芽叶缓缓舒展,一芽一叶,鲜嫩似少女玉唇微启,汤色黄绿清明。随之,一股鲜爽的初春气息扑面而来。我迫不及待地捧盏品茗,初始有一点点苦,但很快便化作甘甜,鲜爽生津,隐含板栗香。

陈兵告诉我,由于今年气候偏暖,正月初五她们就开始采摘了。她让我看她手机中的照片,一张张都是美景,航拍的 500 多亩茶园像漾着绿波的海洋;近摄的采茶女手挎竹篮,身上衣袄却让我感到春寒料峭、乍暖还寒。得知我想看她们采元宵茶,陈兵笑说:"如果像今年这样的气候,你正月初五就要过来。年没过完,就到霞浦继续过。"

我每年访茶最早在 3 月 20 日左右,每到一地正好赶上茶农开始采茶。如果明年为目睹霞浦这款特早高香的新梢嫩芽的初采,出发时间将在 1 月底,较之往年,将提早一个半月,我准备好了吗?

蔡襄故里月中香

2013 年，我有过一次莆田之行。莆田仙游是蔡襄故里，蔡襄《茶录》被誉为继陆羽《茶经》之后的重要茶著之一，我自然很想去看看蔡襄故居，祭拜他的陵寝。但因为是集体活动，未能如愿。

几年里，我一直因此耿耿于怀。

武夷山茶友觉人早些年在仙游工作，与蔡襄后人蔡朝忠熟识。我知道后，每去武夷山就与觉人商量什么时候再去一次莆田，请蔡朝忠做"带路党。"

时隔六年，我们在武夷山又说起此事，觉人说："去吧，你定下来，我马上联系。"我说，好。于是，2019 年秋天我又一次踏上莆田的土地。

促使我下决心再去莆田的另一原因，是我在莆田有个粉丝群。2018年，拙著《寻茶记》出版，莆田施晨航和一个叫阿卡的读者买了近百本书分发给他们的茶友。施晨航我在2013年是见过的，阿卡和其他人我都还没谋面，他们期待我在莆田有一次《寻茶记》的读书分享会，一起聊茶。

从武夷山到莆田，行程不满两小时。到了动车站，接站的是年轻创业者刘荣翔和林文治。我问："朝忠呢?"觉人说："他在仙游等，都安排好了。小刘和小林，都是茶友。"我说："好好，天下茶人是一家，相见就是有缘。"

我们直奔蔡襄故里仙游枫亭。蔡朝忠果然已在那里守候。朝忠是蔡襄家族中第32代后人，擅画，注重文房制器的红木雕刻，长得敦厚结实，额头有点高，一身黑色衣衫，眉宇间的气息不知还存留了蔡襄的几多基因。一副眼镜显示了他几分书卷气。他让有关文化单位专门安排了讲解员，把我的这次寻访很当回事。

蔡襄陵园现在是"爱国主义教育基地""廉政教育基地"，近千年之前的蔡襄成为现代人的楷模，似乎是一种时空穿越，其实更是对蔡襄的一种缅怀。

陵园大门的四柱三门石坊、墓道、蔡襄雕像等都为新建，古迹似乎唯有蔡襄墓和墓前清乾隆四十七年立的一对石柱，柱面刻："五谏经邦，昔日芳型垂史册；万安济众，今朝古道肃观瞻"。

我在墓前恭立膜拜，心想蔡襄身后九百余年，历经战火动乱，墓地仍在，实是万幸。

墓冢左前方石亭中立有石碑，为欧阳修撰写的《端明殿学士蔡公墓志铭》，为近年修墓时复制，碑文中"巍巍蔡公，其人杰然"等句子让人对蔡襄肃然起敬。

"庆历名臣"仪门石柱有两副对联颂扬蔡襄。有意思的是，其中一联有句"诚承祖德万家荔谱永留芳"，写了蔡襄研究荔枝种植，著《荔枝谱》的功绩。

其实，蔡襄不仅研究荔枝，还研究茶。苏东坡有诗："君不见，武夷溪边粟粒芽，前丁后蔡相宠加。争新买宠各出意，今年斗品充官茶。""前丁后蔡"说的就是宋代丁谓和蔡襄。丁谓与蔡襄先后担任过福建路转运使，直接管理过北苑贡茶的生产与转运上贡。蔡襄对北苑贡茶的生产制作进行改良革新，贡献巨大。

北宋皇佑年间（1049—1053），有感于陆羽《茶经》"不第建安之品"，蔡襄特向世人推荐北苑贡茶，由此著《茶录》。"建茶所以名垂天下，由公也"，"十一世纪中叶，对福建茶叶生产发展作出较大贡献的，当推蔡襄"。古今如此评介，可见蔡襄对福建茶和中国茶文化功莫大焉。

至此，我忽然想，仪门石柱对联提了《荔枝谱》而忽略了《茶录》，是否有失偏颇？

这种有意无意的偏颇让我产生一种联想，蔡襄故里从地理位置、气候环境来看，理应是一个不错的茶叶产地，但茶名北不如武夷，东不如福鼎，南不如安溪。莆田的历史上有过名茶吗？今天的状况如何？

我把想法告诉同行的刘荣翔，小刘说："有啊，龟山月中香就是历史名茶！龟山寺还在啊！"

我又问："龟山寺是新修建的还是老的？"

"老的。"

小刘的回答让我兴趣极大："那太好了，看看去。"

龟山寺位于莆田境内三紫山顶。山脉从仙游何岭东走至此，群山层叠中有一片平坡如龟壳状，南倚紫帽山昂耸如龟首，故名龟山，古称龟洋，为莆田二十四景之一。

龟山寺于唐长庆二年（822）由无了禅师创建，无了倡导"一日不作、一日不食"规约，要求僧人自耕自种自食其力，弘扬"农禅合一"宗风，亲率弟子躬身荷锄，手持18斤重的锄头，开辟茶园18处，培育茶种。《八闽杂志》称"龟洋山产茶为莆之最"，宋绍熙《莆阳志》也有记载："莆诸山产茶，龟山第一"。

之后茶园一度荒废，至明代，龟山寺住持月中禅师复垦十八处茶园，改良培植新优品种，经莆田籍名宦陈经邦推荐献朝廷，万历皇帝品后赞赏，特以禅师法号赐名"月中香"，茶被选为朝廷贡品。

沿路山峰绕峙，车窗外奇岫争耸，抵达龟山寺时已近黄昏。

龟山寺现存建筑为清光绪年重建，整体古朴大方，主次分明，错落有致。布局与其他寺院大抵相似。亮点是大雄宝殿前"丹墀埕"下，有一小池塘，名"六眸池"，据说因当年无了禅师于池旁遇"六眸巨龟"而得名。大雄宝殿左后角有一口"龟泉井"，后人称"唐井"，是无了禅师开山建寺时挖掘，遗留至今。

寺中至今尚存有明代陈经邦题赠月中禅师的一对楹联："天上楼台山上寺，云中钟鼓月中僧"。

刘荣翔告诉我，月中禅师复垦的茶园，后又荒废。清末至民国年间，又有茶人垦复。据他所知，现仍遗存月中香茶树不少。他这么一说，我有点迫不及待出龟山寺，寻找老茶树去。

寺外，果然见一片茶园，夕阳的余晖为绿色茶树披上金色僧纱，生机盎然。站在茶园里照相，背后是寺院巍峨建筑，茶香禅意互为交融，不失独特。小刘说这些茶是现在所栽种，老茶树比这高大得多。

我和觉人、小刘等沿寺院外小路行走，渐渐的，忽觉虫子蚊子多了起来，嗡嗡叫着围着人转，不时被叮上一两口。因为人迹罕至，飞蚊似乎也饥饿了很久。周边的荒寂，由此可见一斑。

再前行，果然见到了老茶林。茶树足有两人多高，密密麻麻，枝丫凌乱，枝叶间偶有蛛网可见，荒草落叶狼藉一地，显然无人打理，废弃已久。嗡嗡叫着的飞虫更是肆虐。我和刘荣翔钻进茶树林，抚摸着百年枝叶，同声叹息。

"为什么这片茶林没人管？"我问。

刘荣翔说："也许是土地和茶林的归属问题，反正我也说不清。"

是的，他说不清。但是，莆田总有人说得清吧？

出树林，夕阳更偏西了，我又见那片新垦种的茶园，绵延的茶树呈墨绿色，一抹晚辉像金边镶在茶树上。我想，这片茶园抑或是"月中香"新的希望？

"太阳落山了，回城吧？"觉人说："小刘在城里有个茶舍，我们去那里吃晚饭，再喝茶。"

我说："我有几位茶友知道我来莆田，已安排了饭局，要不我们先去他们那里，饭后一起去小刘茶舍喝茶？"

觉人说："也好。两不误。"

吃饭时，施晨航带来的好几位茶友，我都是初次见面。他一一作了介绍，说他有个"白茶群"，他们都在群中。我问："阿卡呢？"阿卡是这个"白茶群"的主角，怎么没见介绍？

施晨航的脸色一下子凝重了："阿卡已经不在了。"

我听了，心顿时一坠。

施晨航说了阿卡患病去世的经过，我方知阿卡购我《寻茶记》的时候已在重病中。我被感动了。一个素不相识的读者，在生命最后时刻，还在买他喜欢的茶书，分发给茶友们，我能不感动吗？莆田，作为一方土地，虽然今天已不产很著名的茶，但它有这样的爱茶人，仍让我为之欣慰和骄傲。

夜色已浓时，我们去刘荣翔的茶舍"琪明小院"品茶。我在武夷山住旗山路，晨出暮归都经过一家叫"琪明"的茶企，对"琪明"两字太熟。莫非小刘的茶舍与"琪明"茶企有关？

果然，喝茶时刘荣翔告诉我，"琪明"茶叶的创始人、首批国家级武夷岩茶非遗传人王顺明是他老师。我听他说王顺明的故事。这些故事，也许是我另一篇文章的内容。

我坐在环境幽雅的琪明小院，施晨航随身携带的荒野白牡丹，刘荣翔精心准备的王顺明手制白鸡冠，武夷山溪源手作茶坊的单株大红袍，林文治家乡非遗传承人沈添星制作的极品漳平水仙……六七道好茶一一品尝。中秋皎洁的月光下，盏中茶汤变幻着各种美丽的色彩，我想起莆田历史上是蔡襄家乡，今天又有着像阿卡、刘荣翔这样的爱茶人，为什么茶桌上却没有莆田的茶，没有"月中香"？

月中香，月中香，什么时候能在莆田爱茶人的杯中飘香？

我期待着蔡襄故里"月中香"香飘四方。

漳平水仙，为乌龙茶添星

2019年的一个夜晚，在莆田琪明小院，刘荣翔和林文治让我品尝了沈添星制作的一款漳平水仙，清幽的兰花香，细润的滋味，橙黄的茶汤，尤其茶盏中那美丽的叶底，在中秋的月光下，三红七绿，舒展柔曼，令人惊艳。

中国的乌龙茶，福建的，广东的，台湾的，我喝过不少。这款漳平水仙却是初次见识。

漳平是林文治的家乡，首批漳平水仙非遗传承人之一的沈添星是他舅舅。见我迷醉的神色，小林问："楼老师想不想去看看？你的《寻茶记》里还没写过漳平水仙呢！"

小林的提议正合我意。我们相约第二年春天茶季去漳平。

不曾想到一场突如其来的新冠肺炎改变了我的行走计划。

2020 年从 1 月到 4 月中旬，我没出过远门。五一节后，国内疫情得到了一定控制，我去了武夷山。刘荣翔在微信朋友圈看到我行踪，从莆田赶来与我会合，先是约我在他老师王顺明那里喝茶。从白鸡冠、大红袍、肉桂、老枞水仙，武夷山首批国家级非遗传承人王顺明的每款茶，都让我齿龈留香。"琪明"有奇茗，名不虚传，不愧为中国乌龙茶的一颗璀璨之星，熠熠生辉。

这天晚上，刘荣翔问我："漳平还去不去?"我说："去啊。"

5 月 13 日，我们结伴从莆田驱车直奔漳平。

福建，乌龙茶之乡。途经永春的时候，我想起了台湾诗人余光中原籍永春，平生最爱喝家乡的永春佛手。我想象着诗人在世时手持一盏故乡茶心头涌起的乡愁。永春佛手，是颗乌龙茶之星。

车经安溪感德时，我看见大片铁观音茶树裸露在山坡上，那是因为几年前，安溪部分茶农为扩大茶园，砍了山上的树林，形成了现在我看到的景象。听说这几年，地方政府意识到这个问题，不允许毁林种茶，重新种树造林。铁观音的辉煌曾经一度风靡大江南北，我感慨这款茶的起起落落，但愿它早日恢复元气，重显光辉。

车过感德就是漳平地界，山岭植被明显与安溪不一样，绿树满坡，翁郁苍翠，茶树在绿荫下吸取阳光、空气和各种树木散发的气息。我望着车窗外闪过的青山，顿觉悦目了许多。

下了高速，我们直奔南洋镇。九鹏溪畔的南洋镇是漳平水仙的主要产区之一。水溪两岸的几百年、上千年树龄的小叶种榕树满目皆是。那种郁郁葱葱让初到漳平的我们很是兴奋，殷慧芬说："有时间，一定要在大榕树下走一走。"

漳平有"九山半水半分田"之称，九鹏溪两岸的土壤、水和空气的优越，是造就漳平水仙独特品质的天然因素。而漳平茶农的用心制作则是这款茶品质珍奇的另一重要原因。我们要访问的沈添星就是其中的杰出代表。

南洋镇的茶厂比比皆是，大多为家庭作坊。相比之下，沈添星的天星茶厂在当地已是规模较大的了。和前两天我在武夷山参观的琪明茶厂比，可谓小巫见大巫了。沈添星也去看过王顺明的茶企，他坦率说："王老师的茶厂一天的产量，我差不多要做一年。"

正是漳平水仙的这种比较原始的作坊式生产，我看到了这里从采摘到制作的许多传统方式。比如采摘，因为人工的昂贵，有些地方的茶已采用机器采摘。而在漳平，采摘时必须全手工用小剪刀严格按标准剪下叶芽。沈添星说，这样做就是担心手摘时把叶芽掐伤。我听着，觉得这些采茶女像是在茶园中绣花一般。

沈添星被当地称为"茶王"，可以说毫不夸张。2007年，茶界泰斗张天福访问漳平时，专门到过沈添星的茶厂。张天福品饮漳平水仙茶之后，连声赞叹，说漳平水仙茶品质好，花果香，保留传统工艺制作，很有前途。

漳平水仙茶历史悠久，文化底蕴厚重。据史料介绍，漳平的茶叶种植，至明清时期已有相当规模。1914年漳平双洋村人邓观金创制了水仙茶饼，即现在被称为"四方块"的水仙紧压饼，在乌龙茶品种中一枝独秀。

　　从漳平水仙茶制作技艺的非遗传承来说，沈添星是第三代传人。沈添星十几岁跟随父亲开始制茶，从家族传承来说，他似乎应该划入第四代。我在访问时，看到一件旧时茶笼，直径超过一米，竹编细致紧密，色泽包浆褐中透亮。这件竹笼是他太爷爷留下的。竹笼一侧有墨迹："甲子年荔月沈长根置。"字很端正，尤其是"荔月"这个对阴历六月的雅称，让我感到他的曾祖父还是个有文化的茶农。按年历推算，这个甲子年是公历1924年。沈长根的年龄，差不多与水仙茶饼的创始人邓观金同辈。

　　不管从哪个角度，今天被称为漳平水仙"茶王"的沈添星都是传承有序的。

　　漳平水仙茶饼的制作工艺大凡有：采摘、晒青、晾青、做青（包括摇青）、杀青、揉捻、造型、烘焙。我到达沈添星茶厂后，从下午到夜晚，目睹了其中的主要环节。从茶园采回的细嫩叶芽，离地晒青，至茶叶柔软时，再在室内摊晾，之后用竹筛手工摇青，再摊晾、摇青，几个反复。漳平水仙那种好看的三红七绿叶底，正是这样的反复摇青，通过叶片的不断摩擦才形成的。

轻摇重摇，沈添星和他徒弟沈达十分娴熟，让我叫绝的是摇青后的抖筛，双手轻轻一抖，茶青就十分均匀地布放在竹筛上。这一招，我在武夷山也不多见。一般的师傅在摇青后是用手摊放茶青的。练就这种抖筛的绝活当然不是一日之功。

冷做青是我初次见识。沈添星把竹匾中的茶叶放入空调房的冷气中。沈添星说："这样做，主要是延缓茶叶的发酵速度。让茶叶吹吹北方的冷风，是我们的传统工艺。现在有空调了，冷做青方便了许多。"

我边听，边琢磨，当今世人都在追求快和热，而沈添星却坚持该慢则慢，该冷则冷，这种定力难能可贵。也许正是这样的慢和冷，造就了漳平水仙的含蓄、内敛和隽永。

做青后期，沈添星也用摇青机。这种竹编的摇青机与武夷山大企业成排的不锈钢摇青机比，无论是机器还是规模都小许多。武夷山的摇青机一桶可摇青三四百斤，而沈添星这台机器一次摇青仅 20 余斤。即使如此，沈添星也一直守在机旁，不时察看叶芽的变化，相应调整转速。

之后放入锅内高温炒青，再进行揉捻成条状。再之后包装定型，将茶叶放入质地坚硬木制模具中，用木棰捶压筑成方形。为增加捶压力度，木棰内嵌了铁块。压制成型后，用棉纸包成方块，放入焙笼用木炭慢火烘烤。

闻着焙笼中散发的那种兰花幽香，我体会到做什么都不容易，沈添星的漳平水仙茶，每个环节都凝聚着他的匠心。

沈添星请我们喝他做的水仙，每款方块紧压茶 10 克左右，醒茶之后在盖碗中坐杯片刻出汤，汤色橙黄明亮。金色的"清淳"，包装袋上有字："一叶清香，淳享自然"，品饮时觉花香明显，茶水甘甜。银色的"茗匠"，有"一盏清茗，匠心传承"字样，茶汤绵柔厚稠，更具传统风味。黑色的"老枞"，写了"限量版"三个字。老枞水仙，树龄较高，一般都在 60 年以上，有的甚至超过百年。喝老枞，品尝的"枞味"，是漫长岁月的积淀。

款款皆好茶，我首次品尝的"茗匠"和"老枞"，在某些方面超过了一年前我曾在莆田琪明小院喝过的"清淳"。

夜宿漳平市区。离别的一刻，我们相约第二天去看茶山。沈添星的儿子、大学毕业生、当过村官的沈达铭愿做"带路党"。"我们去瑶坑，去大用山。瑶坑茶园里有棵千年桂花树壮观漂亮。"他的描绘更增添了我们的几分向往。

第二天早晨，我们重返南洋镇，在九鹏溪畔见到了沈达。沈达也有茶坊，此刻正与父亲沈添寿一起在晾茶青。见我们到来，他放下手里的活，请我们喝他做的茶。他的茶曾在当地斗茶赛中也获过奖。

按排序，兄弟之中沈添寿排行老大，今年 71 岁，49 岁的沈添星是小弟，年龄几乎相差一辈。

我问沈添寿："你弟弟的儿子上了大学，你为什么没让沈达念大学呢？"

老人说："我 1973 年去当兵，回来后，家里穷啊，连 1 角 5 分一斤的盐巴都买不起，让他念到初中毕业很好了。"

我忽然意识到这个问题戳到了他的痛处。谁说不是呢，我自己也经历过那个饥饿的不堪年代，我有点后悔提这个问题。"幸好沈达争气，跟他叔叔一起做茶，自己茶也做得很好。"我这么说是想让谈话的气氛轻快些。老人果然高兴起来："是啊，他还可以，也得过'茶王'称号，虽然没他叔叔那么多。但是我们现在的日子比过去好了不少。"

沈添寿的叙说让我想到当下的热词："脱贫"。种好茶做好茶，在这僻远山乡让部分农民脱贫，可谓功莫大焉。

聊了一会，沈添寿说要回家去。家离沈达的茶铺不远，我说："一起去看看沈家的老房子。"

沈家祖辈的老屋仍在，千疮百孔风雨飘摇，已无法再居住。农民当时的艰难由此可见。在老屋，我还看到过去做茶用的竹匾、炉灶等。那是他们上一辈人的制茶工具。

沈达铭来了后，我们上山看茶去。车沿红林村的村路前往，一路风景，满目的苍翠像一条绿色的河流在车窗前淌过。到了瑶坑，车再不能前行，我们只能徒步。茶园像个大花园，盛开的三角梅燃烧着热情，几百年树龄的香樟、梧桐，华盖舒展，为瑶坑的老枞水仙挡风遮阳。看见两棵高大的并列着的老桂花树，我拉着殷慧芬要拍合影照，我说："这是夫妻树啊，不离不弃。人与人，百年夫妻已是很了不得，可这两棵树却恩爱了几百年。"

那棵千年桂花树呈现在我们面前,枝叶的丰盛和硕满令人叹为观止。平生我也见过千年古树,家乡上海嘉定那棵一千二百多年的古银杏,我曾带王安忆等多位好友前往观瞻;在云南西双版纳,我也曾为千年古茶树而心怀敬仰,但这千年桂花树却是初见。站在树下,枝叶蔽天,我看不到树顶。站在远处,树影下的人是那么渺小。我想象在那金秋时刻,灿若金星的桂花盛开时是怎样的景象,吐露的芳香将飘越多远、多久。我忽然羡慕长在千年桂花树下的一棵棵茶树。

漳平水仙与武夷山水仙从根本上说都源于闽北建阳、建瓯一带,所不同的是这里的水仙有一部分为了采摘方便,经过了矮化处理。没有矮化的老枞水仙与武夷山的一样高大。刘荣翔指着一棵经过矮化的茶树说:"你看,这枝干多粗壮啊,应该有百年树龄了。"

我细细观察,果然所言不虚。树干被厚厚的苔藓裹缠,叶片有虫咬痕迹,茶园垄间野草丛生。这些迹象无需别人介绍,走了十多年茶山的我,一眼就能断定这里的茶不打农药,不施化肥,不用除草剂。

行笔至此,我又想起铁观音。如果生态没被破坏,部分茶农不那么急功近利,坚持做有机茶,那么,铁观音,这颗乌龙茶中曾经闪亮过的明星,会有黯淡时刻吗?

与瑶坑 13 号种德堂相遇,是个意外。这是一座百年老屋,漳平市历史建筑文物。种德堂基本上保留了原来的面目。大门敞开着，看似无人看管，人们可以随便出入。旧木窗，雕花横梁，乃至木板上隐约可见的彩绘……都让我饶有兴趣。两扇木门上昔日留下的褪色楹联："柏酒宜春令，椒觞祝岁华"，让我想到此屋应是主人饮食处，主人原本是个读书人，几分风雅由此可见。

白日品茶，夜晚喝酒，屋外有千年桂花树和千亩茶园，多好。我甚至有想留下来的念头。我站在院子里，打量着，构想着我如果真留下住在这里，该怎样打理。一切似乎只须打扫清理稍作修缮即可。唯一需要改变的是客堂正对面的围墙。

围墙不必像现在那样严严实实密不透风，至少应该像苏州园林中砖石雕刻的透孔墙。通过墙孔，白天，我可以看外面的千年桂花树和绵亘起伏的大片茶园，晨曦夕阳，花开花落。夜晚，我可以仰望星空。茶园上空，应该是茶的星空。在中国乌龙茶的星空中，漳平水仙无疑是颗闪亮的星。

当今漳平水仙茶非遗传承人沈添星，这个名字真好。是他和漳平许多优秀的茶人，勤勤恳恳，用匠心为中国乌龙茶添星、争光。

栖霞山寻访陆羽茶踪

我写《秦淮河边雨花茶》一文时，听江苏省雨花茶非遗传承人陈盛峰向我介绍过南京茶的历史。

早在唐代，南京已有人在雨花台、牛首山和栖霞山一带种植茶叶，茶圣陆羽曾专门考察栖霞寺茶叶的种植、制作。栖霞寺后山还有"试茶亭"旧迹。

《秦淮河边雨花茶》一文后被收入拙著《寻茶记》。2018 年《寻茶记》出版后不久，陈盛峰安排我 10 月 13 日、15 日在南京签售两场。中间一天空闲，我提出去栖霞山看陆羽试茶亭，以了我多年念想。陈盛峰作了缜密安排。前一天作为嘉宾出席《寻茶记》签售活动的江苏茶界专家学者王润贤、唐锁海、葛长森、李文明、张亭等听说有此精彩活动，也都兴致勃勃。

"一座栖霞山，半部金陵史"。栖霞山风景区管委会从六朝文化、宗教文化、帝王文化、中草药文化、地质文化、名人文化等方面向我们介绍这座金陵名山，茶文化以及正在复建中的"陆羽茶庄"更是他们的浓彩重笔。

《茶经》七千余字，陆羽著述历时 20 余年，其许多时间花在走山访水、寻茶试茗上。"茶之出"一章，记述了他到过的产茶地。在江苏，陆羽曾在南京、宜兴、丹阳等地留下过足迹。

公元 758—759 年，陆羽至栖霞山，寄居栖霞寺。皇甫冉有诗《送陆鸿渐栖霞寺采茶》："采茶非采菉，远远上层崖。布叶春风暖，盈筐白日斜。旧知山寺路，时宿野人家。借问王孙草，何时泛碗花。"记录了他白天上山采茶，夜晚与高僧品茗论茶，有时来不及回到寺庙，就住山里农家。

陆羽在栖霞山的亲力亲为，获得了茶叶采制的宝贵经验，酝酿《茶经》的写作构思，可谓收获满满。出于对陆羽的崇敬，宋代僧人在陆羽采茶处建造笠亭，在摩崖刻石"试茶亭"，以志纪念。清代乾隆皇帝来栖霞山，赋诗："羽踪籍因著，曾句也云清。泉则付无意，淙淙千载声。"这首诗，后镌刻在"白乳泉试茶亭"摩崖石刻的西侧，也成了栖霞山茶文化的一道风景。

秋日，我们在栖霞山寻访陆羽当年行踪，只见山峦叠翠，青竹苍松，绿树蔽天。名刹栖霞寺灰瓦丹墙，庄严肃穆。唐高宗李治的题碑、鉴真大和尚东渡日本前专程来此地礼拜等人文典故，都让人感到这里是僧人禅修、文人雅集的好地方。唐代李白"碧草已满地，柳与梅争春"，灵一"四面青石床，一峰苔藓色"等诗句，无不让人感觉"兼山水之胜者，莫如栖霞"所言不虚。

山是名山，景是美景，可惜已不见当年茶树满山，更无清泉淙淙，陆羽当年夜宿山里农家也只能在脑际想象。后建的笠亭，只有遗址。草丛中有不知哪个年代留下的引水石构件。抱憾之际，忽见岩壁上"白乳泉、试茶亭"六个隶书大字仍在，不免兴奋。

周围树木蓊郁，枫树、榉树、乌桕、黄连木、鸡爪槭等，树种不在少数。不见茶树，众人于心不甘。踏着当年陆羽采茶的山路，一行茶痴穿梭树林下，搜寻一片片灌木丛，终于发现了野茶树。虽寥寥几棵，却让老人们"聊发少年狂"，王润贤、唐锁海、葛长盛和我连走带奔，几乎扑向野茶树。此时此刻，才真正体会寻茶之乐趣。这种难以自抑的欣喜激动之情，非"茶痴"无法体味。

陆羽当年栖霞寻茶试茗，曾有友人陪同。一千多年后，我们寻找茶圣遗踪，有陈盛峰和栖霞山风景区管委会的朋友陪同。冥冥之中，似乎是一个世纪之前茶圣对今日茶人们的感召，是跨越时空的呼应。历史上，栖霞山曾有"摄山茶"。今天，陈盛峰他们守望和传承"雨花茶"，更是中国茶文化生生不息的绵延。

栖霞山计划建造"陆羽茶庄",从效果图看,整个建筑仿唐风格,古朴幽雅。我想:复建茶庄,甚至可以造得典雅而有唐风,传播陆羽茶文化,当然值得称赞,但陆羽当年寻茶试茗处绵延不绝的茶树,白乳泉、珍珠泉、品外泉等清冽澄澈的泉水,不知能否再现。

桃花雪中雨花茶

三月桃花雪，有一种说法是因为桃花三月，花开成片，春风一吹，花瓣如纷飞雪花，故名。这种"桃花雪"，没有真正的雪，只是一种形容。

杜甫有诗"三月桃花浪，江流复旧痕"，写的就是这样的美丽。宋代洪适有词《渔家傲》，"三月愁霖多急雨，桃江绿浪迷洲渚""红雨缤纷因水去"等句，也都抒写了桃花如雨似雪的美景。

置身于恍如粉红春雪的桃花丛中，谁不向往呢？

不料 2020 年，正逢桃花盛开时，江南真的下起了大雪，来了一场名副其实的桃花雪。

那是 3 月 28 日凌晨。安吉、宜兴、溧阳、南京等地的茶山，被飞雪笼罩。

前几日还是江南阳春天。南京，3月最高温已持续十天在20度以上。出产西湖龙井茶的杭州，3月气温最高时有28度。

热得早，采茶时间也早。3月16日我就收到非遗传承人陈盛峰从南京寄来3月14日的手制头锅雨花茶。此后又收到云南易武大树首采茶、宜兴廿三湾阳羡茶、安吉白茶、狮峰龙井、新昌大佛龙井……满以为这个春天，茶的生气勃勃，会给身处疫情之中的种茶人带来丰收的喜悦，谁料气候骤变？

这个不寻常的春天，该来的和不该来的都来了。大雪让种茶人猝不及防。

27日那天，陈盛峰在下马坊做手工茶，一直到夜里11点。之后，马不停蹄赶往溧水茶叶基地，到达时已是深夜12点。

溧水基地有七百多亩茶园，一年四季有玉兰花、樱花、桃花、海棠花、桂花、梅花相伴。春天花红茶绿，令人沉醉。

陈盛峰与茶工们在溧水做茶，直至28日凌晨2点。

4点的时候，溧水下雪了，雪花在茶园上空纷飞。清晨6点，雨夹雪。陈盛峰面对此情此景，似乎也没有了满目春色时的那种陶醉。他密切关注天气的变化，7点以后雨雪小了，10点开始转多云到晴。老天爷也许是公平的，懦者会怨天尤人，陈盛峰却没有哀怨。目睹沾着桃花雪的茶，他慧眼独具，感到这也许正是一个难得的挑战机会。

稍作思索后，他果断做出大胆举措，决定在茶芽还没被雨雪冻坏之前采摘。他立即动员组织三百余名采茶工,与老天爷抢时间。基地附近芮家村的孩子们也闻讯加入了采茶大军。茶农们采着茶芽,呼吸着雪后初霁的新鲜空气,茶园又呈现一番生气勃勃的场景。

采摘,是雨花茶制作中的重要环节,所采茶叶要求鲜嫩匀度高,必须一芽一叶或一芽二叶初展,长度为2—3厘米。采茶人必须提手采摘,掌心向下,用拇指和食指夹住鲜叶上的嫩茎,向上轻提,芽叶轻落掌心后投入茶篮。

陈盛峰预感这桃花雪中的雨花茶一定格外清香扑鼻,别具韵味。

做雨花茶近30年,每逢茶季,陈盛峰每天超过十几小时在锅边炒茶,茶芽伴着他的指尖在热锅上跳舞,他就此铸就一身好手艺。

雨花茶的制作有手工和机制之分,为寻得这款桃花雪中茶的芬芳,陈盛峰决定全程手工炒制。新鲜茶青经过适度萎凋后,投入220—280度的铁锅内,不断翻炒,20分钟后出锅。陈盛峰在灼热的铁锅前杀青的招式我曾亲眼见过,我深为他的专注叹服。

杀青之后经揉捻、整形干燥,再在60—80摄氏度的锅内抓、搓、抹、荡、推、扣,让茶形呈松针状。茶叶起锅摊凉之后,用镊子拣剔出制作过程中破损茶片。每个环节丝毫不懈怠,就连最后的包装也不马虎,铁罐中一张软软的棉纸必不可少。

制成后，陈盛峰自己也感动了，他在微信中说，这是他人生第一次炒制桃花雪雨花茶，他自己一定也要收藏两斤。

我也被感动，因为他也为我留了些许。他寄出前还专门告诉我："楼老师，你和阿姨的茶下午给你寄出，注意查收，我怕你们不会保管，又把你们的茶在石灰缸里用传统方法收灰。这茶比较珍贵，请你们好好品鉴。"

4月1日上午，我收到陈盛峰寄来的这款不同寻常的雨花茶，顿觉珍稀。下午取3克冲泡，茶色清澈映绿，清幽的香气沁人心肺，细品似觉有白雪的清冽，更有桃花的温润。

艺高人胆大，陈盛峰为世人制作了一款极品好茶，我忍不住为陈盛峰点赞。

丝丝缕缕的香气裹着春天特有的气息，我品着茶，眼前呈现一片迷幻春景：滋生的青草、轻拂的垂柳、盛开的百花，挥不去的是似胭桃花在空中如雪纷飞……我不由时空穿越至曹雪芹的年代。

《红楼梦》中有不少写茶的文字。我想如果曹雪芹喝过陈盛峰的这款茶，写到第四十一回妙玉请茶时捧出存放了五年的梅花雪水，宝玉是否会说："这雪水你还是留着泡别的茶吧，我手里这茶在采摘时已有雪浸润了。"在场的"金陵十二钗"个个惊诧，忙问："什么茶？"宝玉笑答："此乃桃花雪中雨花茶也，由金陵茶中高人陈盛峰手制。"众人啧啧称奇，叹难得，争相讨着要品味。桃花红，茶芽绿，怡红院、栊翠庵茶香弥漫。

高鹗续写的《红楼梦》中，最后宝玉披着大红猩猩毡的披风在雪地与一僧一道行走。我想高鹗是否漏写了一个细节，那就是说宝玉入溧水境内后，对一僧一道说，他喝过一款极品茶就出自此地，为金陵工匠陈盛峰手制，他要去看看陈师傅在不在，向陈师傅再讨一壶茶喝。一僧一道问："什么茶?"宝玉答："桃花雪中雨花茶。"于是他踏雪直往陈盛峰的溧水茶园走去……

新安源，好一片有机茶园

黄山的茶在上海很有名，黄山茶叶店在上海曾经四处可见。上海人喜欢喝黄山茶，我也喜欢。进入本世纪后，一个叫"新安源"的黄山茶异军突起，连续 20 余年荣获欧盟有机茶认证。大片茶园在新安江、富春江、钱塘江的源头，环境好，风景美，我很想去那里看看。

2020 年 9 月 24 日，我抵达黄山休宁。等候我的当地朋友中，有新安源有机茶开发公司董事长方国强。我高兴地握着他的手："你是我此行最想找的人，一下车就与你相遇，预示我这次访茶之旅很顺啊！"

个子小而精干的方国强满面笑容："一定很顺，一定。"

其实，之后为了约与方国强的倾心长谈，我一直等了五天。

29日，方国强让他的助手黄益胜接我去新安源右龙村有机茶基地，"你们先去，在那里住一晚，我稍晚赶来与你会合。"他说这话时，人还在山东。

当然，在等候他的日子里我也没有闲着。25日，当地朋友已带我去过一次新安源。从休宁县城到新安源大约有两小时的车程，途经黟县、祁门，再到皖赣交界处的休宁境内。正是秋收季节，一路收获景象。我们先后看了樟源里古村落、古树林、六股尖、五股尖、虎泉、徽饶古道、右龙村的有机茶园，对那里的自然和人文环境极为赞叹。

六股尖又名擂鼓峰、郭公山，海拔1 629.8米，有"三江源头"之称，因主峰由六大支脉汇聚而成，故名。生态环境极好，生物资源丰富，银杏、香榧树、金钱松等树木覆盖，成片的黄杉让人神迷。山高林密，峡谷幽深，峰石峥嵘，溪流明澈，从数十丈高的崖头倾泻而下的瀑布，被称新安江头第一瀑，蔚为壮观。

新安源的古树林，古树数量之大，种类之多实为罕见，其中珍贵名木不少。红豆杉古树粗壮高大，枝繁叶茂，秋阳下生机蓬勃。最老的枫香树，树龄有一千二百多年。有鸟在林中飞来飞去，我们投身此间，像飞鸟般快活。

新安源的樟源里，自宋至清，出12位进士，其中有3位被钦点翰林，在当地成为美谈。

五股尖、虎泉、徽饶古道等地都有可圈可点之处。

右龙村满目绿色茶园中一排三层小楼上一条标语："打造中国有机绿茶第一品牌——新安源"，让我感受到方国强他们的雄心勃勃。

29 日，我再去新安源，我对黄益胜说："樟源里方氏一门 12 位进士，你们方总如果在当年，说不定也是进士。"小黄却自豪地回答："我们方总比 12 位进士更了不起。"

同去新安源的还有一位退休干部冯少迅。冯少迅，出身书香门第，20 岁任乡党委书记，之后历任休宁县团委书记、县府办公室主任、发改委书记等职，周围朋友亲切地叫他"老爷子"。

出发前，冯少迅说："方国强从山东赶过来，到新安源会很晚，与其等他，我们不如先去看些地方，比如茗洲的有机茶园、方国强最早在流口的茶厂、方国强小时候生活过的村庄，去看看方国强父母、方国强正在建设的小罐茶新厂房……"

我一听就激动："你不愧为最佳'带路党'！"

冯少迅笑笑："我知道你需要什么。"说着，他掏出手机："去年 1 月，方国强在'新安源'成立 20 周年的纪念会上有个讲话，你可以看看。他讲的时候流眼泪了。这个讲话可以作为你采访他的提纲。"

我稍稍过目，连连称好："老冯，你真懂我。"他把这个讲话稿发给我，悄悄告诉我，这是他为方国强写的。我看着他，觉得他很懂方国强。

茗洲很美，林竹茂盛的山脉，山脉间一个峡谷。峡谷中有率水河流淌，河两岸是绵亘的茶园。这环境有点像武夷山的坑涧。

冯少迅说："茗洲炒青是屯绿中的极品，我们这里的老茶客最爱喝。你看看，山上的植被，河面上升起的水汽，每年大水一来，退潮的时候留下的淤泥又成了茶树最好的有机肥，这茶能不好吗？而且价格不贵，前些年才几十元一斤。"我细看土壤，厚厚的，十分肥沃。"'晴天早晚遍地雾，阴雨成天满山云'，这里的小气候很适合茶树生长。过去我们到河对岸采茶是要划船去的，现在有桥了。"冯少迅继续描绘。

过桥的时候，桥上坐着一位女子正在发呆。她说她独自开车从上海来，到了这里，一看风景太美，就不想走了。

过了桥就是新安源有机茶基地，四百多亩茶园绵延在山水之间，黄色的诱虫板星罗棋布，成了绿丛中的美丽点缀。靠山脚的几块宣传牌写着"国家农业绿色发展先行区核心示范区""新安源 1998—2020 持续欧盟认证有机茶园""核心产区 C2M 基地，您的专属后花园"，既是这块土地的名片，更是当地政府和新安源茶业的骄傲。

茗洲让人流连，我想那位上海女子之所以在这山水中发呆，是因为尘世间很少有这样的风景。

方国强在流口最早的茶厂，如今已显陋旧。二层办公楼上当年的标语"依靠科技创新，加快有机茶产业化开发"还没褪色。车间里还有工人在生产，门口斑驳的墙上写着新安源有机茶加工工艺的规则和流程……20多年来，厂房老了、旧了，但他们对有机茶的孜孜以求却一刻没有停息。

　　离开工厂的时候，冯少迅向我讲了两个细节，有一年茶季，他作为县发改委的领导深入流口了解情况，他看到茶农排着长队，要把茶青卖给方国强的茶厂。茶农知道他是县里干部，拉着他说："你们要多帮帮方国强，帮方国强就是帮我们。"还有一年，发大水把流口的工厂、包括刚收购的茶青全淹了，损失两百多万，刚起步办厂的方国强绝望地大哭，他收购茶青的钱都还没付给茶农呢。不少茶农得知，告诉方国强："这一年茶青的钱你就不要付了。"患难与共，方国强与茶农的关系由此可见。

　　去了方国强的老家碣田村，见过他的父母，又在村子附近"新安源"的新厂房转了一下，到达右龙村宿地时天已漆黑。蒙蒙细雨，山里的虫鸣声在林木草丛中四起，气温比城里低几度，坐在凉棚下品一杯"新安源"的银毫毛峰茶，觉得茶是甜丝丝的，周边的空气也是甜丝丝的。稍稍的凉意袭来，肌肤都感受到了一种久违的甜丝丝的清新。

　　晚餐很丰盛，河里捕的鱼，山里的菌菇、野菜，林子里自己养的鸡……满桌是大山里的滋味。方国强这时来了消息，说已抵达屯溪。从屯溪到右龙村开车也得两个小时，他让我们先吃。

九点左右，方国强匆匆吃了几口剩菜冷饭，就开始向我叙述他的传奇经历：做过生产队长、牛贩子、电影放映员、林木贩子、茶贩子，1991年他承包鹤城乡茶叶初制厂，1996年在流口镇创办茶叶精制厂，1998年成立新安源有机茶开发公司。

1997年，中国较早提出有机茶理念的浙江省茶叶总公司副总经理、茶叶专家李生富在黄山挑选能出口到欧洲的茶叶，认为流口茶厂的茶最好。方国强得知，想抓住商机，几天后带了样品茶去拜访李生富。李生富不认识他，到浙江省茶叶公司的时候，没出来见他。他一直苦苦等待，直到员工中午下班，他守在大门口，终于见到了李生富。自报家门，说明来历，他请李生富品尝一下他带来的茶。早在计划经济年代就与欧洲茶商交往的李生富喝了，认为不怎么样。

方国强愣了，心想，你上次在黄山还说我的茶好，怎么到了你这里就变得不怎么样了呢？他打电话到茶厂，与技术厂长一起分析原因。那两天正逢下雨，这茶也许是因为放在方国强的背包里，在路程中受潮串味了。

找到原因，方国强对李生富说，明天下午在你下班之前，我一定把新的茶样送到你面前，请你品鉴。

李生富说："好。如果茶确实好，价钱大一些我也要，茶不好，你送给我也不要。"

当时没有快递，更无闪送，方国强凭什么保证第二天把茶样从交通不便的休宁流口送到杭州呢？

方国强告别后，一刻不停地赶到杭州留下，坐下午2点的长途汽车到屯溪。天色已黑，从屯溪到流口三个小时的路程，无公交车，更没车接他。他四处寻找去流口的货运车，搭乘着，一路颠簸回到厂里，已是夜晚10点。他与技术厂长研究、配备样品茶，直至深夜12点。第二天一早，方国强6点从流口出发，乘上11点从屯溪到杭州的长途汽车，赶到浙江省茶叶总公司时，离下班时间还差十几分钟。

李生富再见到方国强时，被这个年轻人的执著和认真感动。喝了茶，他夸奖说："这才是我上次在黄山选茶时喝到的好茶滋味。"高兴之下，他当晚请方国强一起喝酒吃饭。

杯盏交错之间，方国强诚恳邀请李生富去流口地区看看，指导茶叶生产。

李生富一口答应，第二天就跟方国强去休宁僻远的山里。他看了六股尖、五股尖、古树林、徽饶古道、茗洲和右龙的茶园……新安源三江源头的生态环境让李生富赞叹不已："这里就是我想找的地方，完全可以开发有机茶！"

李生富对这块原生态土地的厚爱，对方国强一心要做好茶的感动，使他成了休宁的常客。李生富酒量好得出奇。方国强说："好几次喝酒，他什么菜也不要，只要酒。一斤白酒，他七两，我三两，边喝边聊，我们成了忘年交。"

李生富向政府领导游说，宣传有机茶的益处，向方国强他们传授做有机茶的经验，为休宁县有机茶的开发和走向国际市场作出了不可磨灭的贡献。

1998年，方国强正式创办新安源有机茶开发公司，同年，新安源公司的茶通过欧盟有机认证。除了李生富外，我在流口老厂办公室破损的宣传墙报上还看到方国强智囊团的其他成员：国际有机农业联合会亚洲分会理事、教授卢振辉，中国农村奔小康专家服务团团长、高级工程师吴运翔，休宁县茶业局局长、农艺师施丰声，原屯溪茶厂副厂长、高级农艺师周茂荣，休宁县农行资产部主任、经济师韩胜民。这几位"智囊"对新安源有机茶的开发也功不可没。

一直到今天，"新安源"的茶70%远销欧洲和非洲市场。方国强坦言，改革开放之初，国内茶叶市场一度较乱，茶人卖了茶却经常拿不到钱。方国强也常上当被忽悠。有一年他装一卡车成品茶去巢湖某地，对方请他喝酒吃饭，称其中某人是银行信贷部主任。席间，"银行主任"当着方国强的面对买茶的说："我马上把钱放贷给你，你必须专款专用，用在这车茶叶的货款上。"对方连连点头称是。酒醉饭饱之后，"银行主任"说："今天喝多了，上不了班了，明天我让他把钱转账给你。你放心。"方国强心想租用卡车一天也得多花钱，便信以为真，把一卡车茶卸在对方指定的店铺里。在招待所睡了大半夜，天快亮时，他不放心，觉得有猫腻，与同伴回头去卸货处，扒着门缝看那间屋子，里面堆的茶已空空如也。原来对方在酒局上演的是双簧戏，他大呼上当，赶紧向当地派出所报案。后来警方在苏州茶叶市场找到那人，追回一半茶款。

相比国内，欧洲市场规范得多。要打进欧洲市场，茶叶在品质上必须达到欧盟的标准。这是方国强开发有机茶的初衷之一。

包括合作社形式在内，方国强和他的团队现在管理着 25 000 亩茶园，其中属于他们自己名下的五千多亩已完全达到了欧盟有机认证。以合作社形式加盟的近两万亩有部分也已达到欧盟有机认证标准。

那么大的一片茶园，连续 20 多年被国际市场认可，方国强是怎么做到的？尤其是那些以合作形式加盟"新安源"的、庞大却又分布各处的茶园。

不打农药，不用除草剂，垃圾分类，研制有机堆肥，去荷兰等国考察学习，把外国有机植物专家请到休宁，在全县范围为茶农免费开设学习班，免费给茶农发有机肥……方国强为开发有机茶，殚精竭虑，做了许多实实在在的事。

新安源右龙有机茶基地的茶园，方国强每年每亩给予 2 000元的流转承包费。茶农采茶、施肥、除草等他还另外付工钱。

方国强用在合作社茶园上的成本，每年上千万。他花这么高的成本，只是为了一个目的，就是茶农必须按照他的有机茶的理念和标准去管理茶园。

他把新安源有机茶基地所在的山后、汪村、流口、鹤城、冯村等乡镇16个行政村、一百多个村民组，组建了十多个植保服务站，通过植保服务站的技术人员，在第一时间掌控每块有机茶基地中的一切非有机因素的苗头或劣行，严禁剧毒农药、化学肥料、除草剂进入基地，基地茶园一旦发现病虫危害，植保服务站人员随叫随到，在第一时间里采用生物有机化处理。同时，植保服务站也是方国强布置在新安江源头25 000亩茶园的观察岗哨，全天候关注新安源地区空气、水源是否被污染。

夜间，山风吹来，稍稍有点凉意。我关上窗，问方国强："你这么大的一个老板，做了这么多事，你实话告诉我，你的年收入多少？"

他的回答让我意外。怕我不信，他说："有人说我在为茶农打工，这话不是没有道理。但我愿意。"

如果说方国强早年做茶卖茶是为了赚钱，为了致富，那么这几年他坚持做有机茶，就像我走茶山一样，已超越世俗功利，是一种修行，一种类似宗教般的信仰。

现在都说要精准扶贫，其实方国强十年前就在做了。2019年10月，方国强的新安源有机茶开发公司作为黄山市唯一获得全国"万企帮万村"精准扶贫行动的先进民营企业，获得过国务院扶贫办的表彰，可以说是实至名归。我想起茶农曾经对来自县里的领导冯少迅说："你们要帮方国强。帮方国强就是帮我们。"此刻，我才明白其中的含意。灯光下，方国强的身影并不矮小。

据有关统计，方国强管理新安源有机茶20余年，茶园累计减少化肥、农残排放四千多吨，亩均效益由最初的五百多元，提高到现在的五千多元。当地数以万计的茶农因此尝到了有机茶绿色生态发展的甜头。

彻夜长谈，方国强20多年来对开发有机茶的执著追求让我为之动容。这一夜，我很晚才入眠。

第二天早上，我起床时，方国强已在徽饶古道上健身了。与他相遇时，他正在跑步，脚步叩击青石板的声响与山里林间晨鸟的鸣叫和合在一起，很动听。见了我们，他说："这里空气太好，早上起来跑步打拳吸氧，这在城市里是无法得到的。"

他说得极是，我和殷慧芬来自魔都，对这周边的新鲜清爽的空气特别贪婪。十八罗汉松，两千年树龄的古银杏，树前那块"孤坟总祭"的石碑，满山绿得耀眼的茶树，茶园巨石上"中国有机茶第一村"的镌刻，都让我流连。方国强描绘的在六股尖海拔千米以上的高山有机茶园，终日云雾缭绕的山场，更让我憧憬。

"这一片，方圆几百里，连贯安徽休宁、祁门，江西婺源、浮梁，没什么工业，生态非常好。以前这里不通公路。直至七十年代公路才通到流口，八十年代通到鹤城，九十年代通到右龙。我爷爷那一代从来没看到过公路。这徽饶古道就是当年的'高速公路'。徽州人有句老话:'十三十四往外一丢',意思是孩子长到十三四岁,父母就要让你自己外出谋生。许多人从这条古道走出去,再没回来,古银杏树前那块'孤坟总祭'的石碑就是为他们立的。"方国强如是说。

我听罢不免感慨,我说:"徽州人走出去成就一番事业的也不少,茶人中就有在上海创办程裕新的程有相、汪裕泰茶庄子承父业、杭州西湖畔汪庄的旧主汪自新……还有今天的方国强。"

方国强哈哈大笑:"我不算什么,我在这里土生土长,这里是我家乡,我坚持做有机茶,还有一个重要原因就是要保护好家乡这块水土的生态环境,不让三江源头的水土受到污染,为子孙后代留一片山清水秀之地。现在尽管还有困难,但我乐意,我义不容辞。"

他从徽饶古道走来

界石的那边是江西浮梁，这边是安徽休宁。我们从两省交界处的虎泉出发，沿徽饶古道由上往下向右龙村行走。

虎泉，当地人称"老虎尿"，这是因为这座山，形如老虎，虎的上半身在江西，下半身在安徽，虎泉的水是从虎的下半身流淌出来的，故称"老虎尿"。名称虽不雅，泉水却清澈甘甜。

毕竟年逾古稀，比不得年轻人，走深山古道并不轻松。执意要走，原因之一是这条古道始建于唐代，白居易《琵琶行》有句："前月浮梁买茶去"，徽州茶农走这条道去浮梁，它是一条徽茶古道。原因之二是与新安源有机茶开发公司董事长方国强的一次深夜长谈。方国强与徽饶古道有太多的纠缠和故事。

方国强，1961 年出生在安徽休宁鹤城乡碣田村。父亲当年在冯村当公社干部，很少回家。全家靠母亲操持。方国强还不会走路时，母亲就带着他采茶，让他站在一个上小下大的木桶里。从那时起，他就在田野里吸收茶的气息。稍大些，半夜醒来，他常见母亲还在灯下缝补衣服、纳鞋底。他是家里老大，就想着应该为母亲分担些什么。

　　7 岁的时候，他开始在生产队挣工分。每天挑两捆稻草、砍柴，挣 1 个工分、2 个工分。1 个工分在那时折算成人民币，1 分钱也不到。再大些，他跟母亲一起采茶。到 16 岁，他已是队里最强的劳动力，每天可挣 10 个工分，采茶比成年妇女还快。1979 年，18 岁，高中一毕业，由于劳动出色，他就被大家推选为生产队长。

　　方国强个子矮小，他说是从小挑重担的关系。十几岁的时候，就挑着两百斤担子在无路的山岭中上山下山，走徽饶古道在他眼里就是康庄大道了。

　　从虎泉沿石阶往前走，两边成片古松苍劲挺拔，再往前，有一间简陋石屋，不知是哪个年代建的。当地人称是茶亭，让行人小憩。我不知一路有多少这样的茶亭，好多年前，我在古道的瑶里段也见过。

　　我坐在茶亭，我想当年十几岁的方国强挑担经过，会不会也在这里坐下休息片刻？

方国强 21 岁的时候，有人做媒为他介绍女朋友。因为碣田村是当地最穷的地方，没人要他。现在的妻子，他当时看了很满意。但女方家里观点不一致。丈母娘不同意，老丈人却看中了他。老丈人对老伴说："我看这个小伙子不错。我们家里好几个子女，别的儿女都由你做主，这个女儿的婚事就让我做主吧。"方国强就这样成了亲。

　　我后来在方国强的公司看到他的妻子，很朴实，挺秀气。我跟方国强开玩笑："还是你老丈人眼光好啊。"

　　方国强笑道："是啊，要不然，我老婆也不知在哪里呢！"

　　上世纪八十年代初，方国强听说耕牛的价格江西比安徽贵，于是和几个同伴做牛贩子，牵着两头牛在这条古道上从休宁走到瑶里。结果，牛没卖掉，还死了一条，亏了个血本无归。

　　古道上有一段已被损坏，很难走。我们老夫妻俩携手慢行。我又想当年方国强牵着牛是怎样的步履维艰。

　　做牛贩子亏本后，他想方设法要把亏了的钱挣回来，开始做"电影贩子"。所谓"电影贩子"就是与人合伙买了一台电影放映机，从休宁电影放映站租片去江西浮梁偏僻的山村拉场子放电影。他比他的合伙人年轻，因此跑片就由他负责。

　　方国强每两天要背着四盒电影胶片往返浮梁乡下与休宁县城，风雨无阻。有一次大雪，路面完全被雪覆盖，白茫茫一片，夜间，他分辨不清方向，迷了路。那个年代，山里还有狗熊等野兽出没，迷路是一件很可怕的事。他走一段，用手把雪扒开，看看是不是路面。再走一段，再扒一段，好不容易走出迷途。

直至现在，每逢雨天，方国强右腿还有隐痛。就是那次大雪冻坏的。

当了几年的"电影贩子"，方国强把贩牛亏的钱挣了回来。

1984年，方国强开始做木材贩子，曾在激流中撑过木筏，也曾坐在装满木材的卡车顶上，在山里并不平坦的公路上颠簸过。

在贩木材的过程中，他还跟杀人犯有交往。那杀人犯长得干干净净，表面一点也看不出是个坏人。杀人犯对方国强说，他姐夫在江西有一批木材想卖掉，价格便宜。方国强一听有差价可赚，答应几天后跟他走一次江西。

在等待方国强的日子里，休宁另外两个木材贩子问杀人犯："你在这里等谁呢？"杀人犯一五一十说了缘由。两个木材贩子听了："这生意我们也可以和你做啊，你干吗一定要等方国强呢？"

于是两人各自带了三千元钱，跟他去江西。到了江西的小旅社，杀人犯说："我带你们一个一个进去。"年轻的木材贩子先跟他走了。年长的在旅社等待。在杳无人迹的大山里，他把年轻的木材贩子杀了，取走了他兜里的三千块钱。他再回到小旅社，想把年长的也骗入山里。年龄大的那位不愿走小路，说走不动，要坐三轮农用车去目的地，杀人犯就没机会下手。方国强说他命大。

方国强说："我要不是有事晚走两天，被他杀掉的可能就是我。这案子隔了五年才破。杀人犯劣性不改，偷东西，被捕后交代了此案。其实在这之前，他已经有过命案。他杀了他老婆之后，逃出来，到休宁来骗我们做木材生意。"

木材买卖让方国强赚了第一桶金。最多的时候，他一个星期可赚 3 万多元。他成了山沟沟里的"万元户"。

1988 年，改革开放让茶叶进入了可以自由买卖的市场经济领域。方国强开始做茶贩子，不知多少次地在古道上往返。收茶的时候，有人把品质差的茶青上过秤后，往品质好的茶堆里一倒，然后向方国强讨好价钱。方国强说："你这样的茶青五块八毛一斤。"对方一定要六块五毛一斤："你不同意我就不卖。"说着就在茶堆里挑品质好的茶青往袋里装。方国强看了着急："跟你讲理讲不通，我们一对一打架，你赢了，价格你说了算，我赢，我说了算。"对方见方国强个子矮小，一口答应。他不知道方国强从小习武，很能打架，败下阵来后价格就由方国强说了算。

方国强有点蛮横，他说："没办法，你们大上海还可以请人仲裁，我们这山沟沟里，找哪去说理啊！"

我去过他在碣田村的老家，见过他的父母。我说："你们家出过一个乡长，两个劳模。我没想到其中一个劳模当年是个打架高手。"

方国强说："我爸在冯村当书记，三四十里地，全靠走路上班，一个月才回来一次，家里的事他不怎么管的，有时把我和弟弟的名字都搞错。我能打架，也是被逼的。父亲长年不在家，有人来寻衅吵架，母亲一个妇道人家，往往被欺负。为了母亲不受人欺，我练武，先是跟稍通武术的外公学，后来又专门拜师学拳术。"

父亲 1997 年患了咽喉癌，方国强在上海、杭州、合肥、黄山等地寻良医。为了挂一位名医的号，他常常在医院门口守一夜。当初有医生预言，方国强父亲的生命不会坚持很久。现在，20 多年过去了，他不但健康地生存着，而且经常笑容满面。朋友们都说，那是因为方国强的孝顺尽心。

弟弟方国范是全国劳动模范。说起弟弟，方国强赞不绝口："'新安源'有今天，我弟弟的贡献比我大。"

1991 年，方国强凭着在木材贩卖时赚的钱承包了鹤城乡茶厂，那是个茶叶粗制厂。1996 年，方国强创办了流口茶厂，开始做精制茶。在最初的几年里，每到年底发工资，别的工人都领薪水，唯独方国范不领一分钱。他知道方国强创业之初的艰苦，其中包括资金运作的困难。他说："我有个好哥哥，这就够了。"

我问方国强：“那你弟弟日常生活怎么维持？”

方国强说：“那全靠我弟妹收入，弟妹有时打两份工。”

“你弟弟有多少年不拿工资？”

“有三四年。”

“你弟弟不容易。”

他说：“是啊是啊。我也有做得不到位的地方。”

每逢茶季，方国范是茶厂最忙最辛苦的人，几乎天天通宵，实在累了，就坐在地上打一会盹。由于疲劳、缺少睡眠，方国范曾两次开车冲入河里。一次是在鹤城乡茶厂，开着三轮农用车装茶青。另一次是在流口茶厂，开着小面包车，一个瞌睡，连车带人栽入河中。

这么多年来，他勤勤恳恳，踏实努力，被评为全国劳模确实是实至名归。

我后来在新安源有机茶开发公司见到了方国范，个子比方国强略高，身子却瘦弱。方国强说那是弟弟前些年过度劳累，身体透支了。

刚开始做茶的时候，一过忙碌的茶季，方国强还会找机会做木材买卖。后来，他再也不贩卖林木。那是因为一场洪水淹没了他在流口刚建不久的茶厂，损失超过两百万。辛辛苦苦积累的资本一下子化为乌有，他绝望了。尽管当地政府和茶农在一定程度上伸出援手，但损失仍是巨大。

痛定思痛，他想到“因果报应”四个字，买卖木材，过度伐木，势必造成生态失衡。正是水土流失，酿成了洪水泛滥。

从那一年起，方国强开始十分注重生态环境的保护和有机茶的开发。

我们走在徽皖古道上，两侧是绵延不绝的有机茶右龙基地，深深浅浅的茶树叶片的绿色让人赏心悦目，周边的老松树、红豆杉、银杏树、香榧树像是千年古道和有机茶园的守护者。正是秋天收获季节，路旁油茶树上的果子沉甸甸的，间或还能见到农民在香榧树下收获果实的场景，男的爬着梯子上树用竹竿击打，果子刷啦啦往下掉，女的戴着帽子一颗颗捡入竹编提篮中。我第一次见到这好吃的坚果新鲜的表皮是绿色的。我想走近看个仔细，不料男子的竹竿又几下击打，果子雨点般落下，砸在身上还有点疼痛，赶紧又退下阵来。

一路走去，忽有淙淙的水流声传来。前面是溪流，水是从五股尖奔溅而来，算是在这里与从虎泉出发的两位白发老人有个会合。溪流中有岩石错落有致，我不知这一小块土地上的茶，是否有岩韵呢？

生态环境真好。走这段路，当地人约在 40 分钟左右，我们边走边赏景拍照，居然花了一个半小时。也许是我们年逾古稀，步子比不得年轻人轻快，也许是一路景色的美丽，让我们流连不舍。

到右龙村了，昨夜住宿的小楼上，"打造中国有机绿茶第一品牌——新安源"这条标语还是那么醒目。

方国强和他团队现在应该说到了收获的季节，大片茶园已连续20多年获得欧盟有机认证。走完古道，我在方国强的办公室里品尝他曾经给俄罗斯前总理梅德韦杰夫喝过的"状元银毫"，看着嫩绿的茶芽在"六股尖"山泉水的冲泡中上下浮沉，想着方国强他们一路从徽饶古道走来，艰辛、曲折、踏实、坚定，每一步都不容易，也忍不住也说了一声梅德韦杰夫说过的："哈啦晓"（俄语，"好"的意思）。

办公室里有一幅"新安源"新厂房的效果图，宏伟气派，它就建在方国强的家乡，鹤城乡，古道旁……

大地，是他的诗笺

2007 年 8 月上海书展，陈忠实因新著《关中风月》来沪上签售，我在他下榻的宾馆喝着他带来的茶，知道了陕西也有好茶。此后，陕西另一位大家叶广芩又多次给我"汉中仙毫"。

何时能去一次陕南，看看秦岭巴山的茶，成了我的念想。

2019 年春，我终于如愿随叶广芩到了边陲小镇青木川，在叶广芩工作室，喝着汉中仙毫，与当地茶界领军人物、千山茶业掌门人王有泉面对面。

我打量面前的这位汉子，除了种茶人的朴实、执著之外，他更有一种沉静与儒雅。一打听，果然，他毕业于陕西教育学院中文系，曾在宁强教师进修学院任教，上世纪八十年代办过民间诗报《田野风》，颇具先锋意识的诗歌在陕南有相当影响，九十年代下海经商，喜欢文化收藏。

中文系大学生、教师、前卫诗人、收藏家、茶人……王有泉身上的这些元素，让我一下子觉得有太多的共同语言。

第二天叶广芩安排我们去看王有泉的茶园，特别告诉我，茶园在瞿家大院周边。瞿家大院是叶广芩长篇小说《青木川》和电视剧《一代枭雄》中原型人物魏辅唐五姨太瞿瑶璋的故居，清中期建筑，保存完好，石雕、木雕等构件精美。

王有泉选择这块土地建设茶园，图的是茶叶产业和历史文化的互为交融。

到了目的地，我愣愣的，左右为难。左边，清代石雕大门，木构件老屋，土墙、石狮、水池、翠竹、玫瑰……右边，茶树绵延，新茗吐香、茶园中挺拔耸立的金丝楠，满目青绿……都是我平生所爱。

犹豫不决之际，王有泉已带领叶广芩、殷慧芬一行向瞿家大院走去。

瞿氏家族祠堂犹存，古物遗迹尚在，从《瞿氏祠记》和《庭训遗嘱》的碑刻中，我大体了解瞿家历史，祖训"耕读传家"使家族书香不断。

1950年土改后，瞿家后人仍住在大院里，历经半个多世纪，规模虽在，却已风雨飘摇，2008年汶川地震，又遭震击。灾后重建，瞿家大院的住户按政策迁居新房。人去屋空，旧房摇摇欲坠。

仿佛彼此期待很久，2014年，王有泉目睹现状，当即下决心抢救这一古建筑群。之后，经多方协商，王有泉成了瞿家大院的新主。紧接着，他又承租附近田地，开辟茶园。这几百亩茶园就是我今天目光所及的一片绿色。

　　老屋门楣上雕刻着"仁山知水"四字，院子里石雕有"清风谁作主，明月自为邻"的对句，流水、绿树、茶香，与成片古宅互为陪衬，还有什么比此情此景更富诗意的呢？王有泉构筑了多少文人的梦！

　　走出瞿家大院，我在茶园里流连很久。茶园旁古老的拴马桩，让我想起途经这里的陕甘茶马古道、陕康藏茶马古道，想起诗和远方……

　　王有泉比我们早一天离开青木川，为的是在宁强等候我们。海拔800米的2800多亩玉皇观千山有机茶园，是他另一块茶与诗的天地。

　　依山而建的茶园，层层叠叠、蓊蓊郁郁、蜿蜒数里。进大门不久，我看见"中国天然氧吧""水土保护示范园"等标牌。标牌上写有："修建坡面排水、观光蓄水池功能，栽植樱花、紫薇、桂花、香樟、竹子、银杏等绿化树种，减少径流冲刷地表，治理水土流失，绿化美化环境……"

　　沿途绿树葱茏，王有泉指着其中一棵树说："那是红豆杉，茶园里有一百多棵，到了秋天，挂满枝头的红豆在阳光下一串串，像红珍珠，晶莹剔透，可美了。那时，桂花也开了……"

茶人原来是诗人，王有泉又像在写诗。茶涌绿波，红豆垂枝，金桂飘香，我对他诗心营造的如画风景也充满憧憬。

坐在坡顶观景亭，藤编的茶桌上每人一杯明前纯手工制作的头采茶，嫩芽的鲜爽清香让人无法抵御。除了花生和核桃馍等茶食外，另有几碟我初次见识的野果，比葡萄略小，比珍珠稍大，乳白色，有红褐点状散布在果体上。

"这是什么呀？"我问。

王有泉哈哈笑了："没见过吧？野生草莓，你尝尝。"那果子微甜稍酸，却很鲜润、很爽口。王有泉说："知道你们今天来，我一早去山里采的。"

从观景亭遥望远方，绵延不绝的山脉高高低低，淡淡的灰绿色的山体朦胧地在天空勾勒了起伏的线条，如同一幅气势恢宏的水墨画。那就是巴山，如同天然屏障，让这里的两千多亩茶园形成一个盆地。殷慧芬说像个聚宝盆，我却想起了武夷山的坑、涧、窝、窠，这里是一个更大更阔的茶坑茶窝茶窠。

我终于耐不住，对叶广芩说："你们喝茶看景，我跟王总去茶园看看。"

跟着王有泉，行走茶山田坡，我注意观察每个细节。

长年在茶山行走，看茶园是否打农药、用除草剂，我已积累不少经验，亲眼所见远胜于滔滔不绝的推介和吹捧。采摘过后的茶树叶片明显有被虫咬的痕迹。我问王有泉："南方茶园也有不打农药的，但是大凡他们都有除防虫害的措施，比如用诱虫板。你有措施吗？"

王有泉很坦然："我没有。这是因为南方更湿更热，虫子更多。而我们这里，天气相对寒冷干燥，虫子比南方少许多。它要吃就让它吃一点吧，我那么大一片茶园有时人采都来不及。"

我听罢哈哈大笑："虫子在你这里也幸福。"

不用除草剂，在当今的绿茶世界中难得一见。在千山茶园，我见到了。田垄里，有我刚见识过的野生草莓，有垄间疯长的野草野花，有刚被锄掉的枯黄的草叶……王友泉说，他一年锄草三四次，枯草让它自然腐烂，正好做有机肥料。

我说："人工锄草成本很高哎！"

他说："是啊，但这是必需的。用除草剂，虽然我们省力省钱，却破坏了茶园土质，影响了茶的品质。我们的茶通过了国家'有机茶产品认证'，这里又是'全国生态茶园示范基地''中国30座最美茶园'之一，'青木川'牌商标是'中国驰名商标'，屡获国际茶博会金奖……为让大家喝上一口真正的好茶，我丝毫不敢马虎。"

人在草木中，王有泉说着，我听着，微风吹来，那是田野风。

"田野风"，上世纪八十年代王有泉创办的诗刊。如今，他种着好茶，他周围满山遍野的茶树，一行行全是他的诗句。

大地是他的诗笺。

与"口罩猎人"一起走茶山

2020年清明前两天，我收到从新昌寄来的两罐大佛龙井，寄茶人是个叫小章的姑娘，我不认识。后来我才知是苏州一个叫小华的年轻企业家让她寄的。

小华与我见过两次面，一次是2019年4月在苏州博物馆一起参加江苏省刺绣大家周莹华的发绣展览，之后又一起去潘宅喝茶。第二次是2019年6月，我在上海历史博物馆讲《一个作家眼中的中国茶》，他专程从苏州赶来听讲。

那次讲座结束，有听众要买我的《寻茶记》。博物馆没料到会有这一幕，没准备书。小华从挎包里掏出十来本，让我签了名分发给听众。有听众要付他书款，小伙子笑着摇摇手："大家都喜欢茶。不要了，不要了。"

小章从新昌寄来的龙井茶，有一个细节我很欣赏，包装上除了"原生态"三个字外，还挂了一个植物标本名签，谁采制的，什么时间，什么地点都写得清清楚楚。

　　小章后来发给我茶山图片，山清水秀。这茶就长在水库背后的深山里。还说那山岩砂石多，茶有山野味。我忍不住当即取出少许开泡，口感果然比前两天朋友送的西湖龙井浓郁，清香之余更有厚度，很合老茶客的口味。

　　对新昌龙井茶的印象是前些年，我们夫妇与程乃珊、王晓玉、孙文昌、张重光等文友在杭州湖畔居喝茶。喝西湖龙井时，王晓玉说："新昌大佛龙井一点不比它差。"

　　新昌是她先生黄源深教授的家乡，我当时听了，觉得她也许爱屋及乌，有点不以为然。这次细品小章寄的茶，方觉王晓玉的话有一定道理。

　　喝着山里的野生茶，我心动，想去那里看看。新冠肺炎疫情还没结束，我不愿乘坐公共交通。纠结之间，又是这个小华，他说："楼老师，你真想去，我们自己开车，我来接你。"我听了求之不得，约定谷雨之前出发。

　　小华问我到了新昌怎么安排，我当然想多待几天，考察更细些。但考虑到小华是一家企业的总经理，最近又因为口罩生产销售，他的忙碌可想而知。前几天，我刚看过一部题为《口罩猎人》的纪录片，讲广东某地一个叫林栋的年轻人2020年3月怎么在土耳其买卖口罩、寻找熔喷布的故事。雇用保镖，租乘私人飞机来来往往，与骗子奸商周旋，像在贩卖军火。我看小华的微信，内容几乎全与口罩有关，今天宁波，明天重庆，后天上海，往返折腾。有两回，他在上海，我请他来嘉定喝茶，他说他晚上9点还有客户要接待，抽不出时间。那种生活状态，与"口罩猎人"林栋很是相像，不同的是一个在国外，一个在国内。他和林栋有句话说得一模一样："人生这样的机会很难得。"

年轻人一刻千金，我不好意思多占他的时间。我说："一切由你定，但茶山一定要去。"他一口答应，安排两天时间，18日出发，19日回来。

4月18日，小华早早从苏州出发，先到嘉定接我和殷慧芬。车到时，我发现开车的不是他。他嘿嘿笑着向我介绍司机："这是小张，我同学，喜欢茶，也是你粉丝。我带了你的《寻茶记》，到时你给小张签一本。"

车上果然有十来本《寻茶记》，我回忆起去年6月在上海历史博物馆讲茶时的那一幕，我说："你把我的书当传单发啊？"他说："没事，我家里还有着呢。"

小张说："楼老师，你一定要给我签一本噢。"我说："当然。"于是，他油门一踩，很喜气地向新昌进发。

全程高速。疫情期间车走高速免费，来往车辆不少，有几个路段还有点堵。三个半小时后，抵达新昌白石村。

一路上，小华的电话没停过，什么熔喷机、过滤率测试机、热风棉、KN95 片子、欧盟标准等技术语言，我听着都嫌烦，他却滔滔不绝。询价、报价、讨价还价，我越看，他越像个"口罩猎人"。

我后来得知，疫情一开始他也只是买卖口罩，后来见疫情又在世界各国蔓延，他才正儿八经地整合各种资源，全产业链生产销售口罩。所谓全产业链，就是从头到尾，整个生产销售过程都控制在自己手里，其中包括采购聚丙烯原料，配置熔喷布设备、口罩机，一条龙生产熔喷布和大批口罩，然后联系进出口集团，配仓出口。

我问他为什么要做资源整合，掌控全过程？事无巨细一把抓，会不会太累？他说："因为口罩市场太乱，如果只抓一个环节，难保不出纰漏，比如质量问题。我平时积累的人脉关系和掌控能力在这个时候就起作用了。所有的信息都在我这边汇总，我能判断出哪些是机会，抓住就好。"

我这时方明白，他为什么让小张开车。用他的话说，即使赶路，或者陪我看茶山，也不会耽误他的口罩生意，两不误。

到达白石村，小章已在家门口等候。小章在宁波一家外贸公司当翻译，白石村是她老家，她常从宁波回来，探望父母。

远望白石村，青山环抱，绿树红花掩映，很美。走近了，在质朴本色之外，觉得这里还不是很富裕，老屋也呈破旧状，一路赶来想上个厕所，也只有茅坑。小章家的老屋虽然旧陋，却很干净，看得出女主人很勤快。小章说："本来想等老屋翻修后再请你们来的。"我说:"我们来看茶山的。再说原汁原味的乡村民舍别有滋味。"

在小章家喝了几杯龙井茶,稍作休息,一行五人向东岇山进发。

小张开车至青宅村通往山里的路口,就不能再往前。村里在开发旅游,五十年代造的大会堂成了游客接待中心。大门紧闭,这段时间没有游客来。难怪小章说,现在进山的都是当地人,外地来的,你们算是第一波了。

沿途山清水秀,经过茶园时,有茶农正在采摘谷雨茶。小章告诉我,真正的野生茶在深山。要经过水库,登山路很难走。

我远望水库,水特别蓝,像颗镶嵌在大山里的蓝宝石。四周树林茂密,又经常有鸟在此栖飞,当地人给它取了个很美的名字:"树篷鸟"。附近村民的饮用水就取自这里。

高高的堤坝上有人施工,小张搀扶着殷慧芬绕过横在堤坝中的机器时,一个村民打趣地问:"这是你丈母娘啊?"惹得众人大笑。

这里有点九寨沟的味道。越往前走,越觉荒野,城里人担心有蛇出没,小章笑说:即使有,那蛇也是木木的,不可怕。五一节以后,天一热,蛇会多些。不过,那时大青梅可以吃了。"想不想青梅煮酒啊?"她把荒野山岭描绘得很有些诗意。

《东岇志略》记载:"东岇山,一名望远尖,新昌县东四十里，其高以丈计者五千余，脉自菩提来"，"一洞天开，门悬飞瀑，俨然若珠帘曰水帘洞"。《世说新语》也说："支公好鹤，住剡东岇山。"支公，号道林，晋朝名僧，幼年时即流寓江南，隐居山阴会稽。

还有一说，东晋高僧竺道潜曾在东岇山水帘洞一带建寺布道。所建寺院在东晋隆和元年（362）赐号称"东岇寺"。东岇山由东岇寺而闻世。

东岇山水帘洞据说很美。一洞天开，门悬飞瀑，瀑高30余米，喷薄而出，若垂帘随风飘荡，光彩夺目。朱熹曾有诗云："水帘幽谷我来时，拂面飞泉最醒眸；一片水帘遮洞口，何人卷得上帘钩。"

去东岇山水帘洞，往返四五个小时，我们进山路上见有两拨游客从山那一头徒步而来。我问他们是不是从水帘洞来，那边美不美，他们说，当然美啊。

我听了心动，却又无奈。一是无时间前往，二是听说有一段行走十分艰难，难免有廉颇老矣的感叹。

我们进山的路也不好走。路两侧的植被极为丰富，满山坡果树竹林，野生的樱花、紫藤、杜鹃，点缀其间，煞是好看。有许多叫不出名字的药草，小章却知道，比如野玉竹、野覆盆子、野金樱子、艾叶、益母草、香椿等。路过的时候，她会不厌其烦地解说。

走累了，我们也找地方坐在岩石块上休息，喝点水，吃小章带的一种叫"丑八怪"的柑橘。

再往上，我和殷慧芬有点气喘吁吁。殷慧芬问："还有多少路啊？"小章和小华同时回答："快到了，还有三分之一。"

看来小华这位"口罩猎人"之前来过。果然，在一条岔路口，左面是泥石羊肠小道，稍平缓，右面是古时累石山路，更窄更陡。正在左右顾盼时，小华往右面一指："这边走，我上次走的就是这条路。"

山路虽有石阶，但铺设凌乱错落，年旷日久早已七高八低，有坍陷，也有松动。有一段路右侧是悬崖，却有一人多高的野茶树遮掩着，一脚踩空就是没命的事。

我低头看路，无心看风景，更担心视力不好的殷慧芬。小章在前面开路，我居中，小张搀扶着殷慧芬，叫我尽管放心，那个时候的卫护，确实很像在照顾"丈母娘"。

"口罩猎人"小华也前后护驾我们两位老者，有时他还用手机为我们拍照录像，用他的话说，总得留些值得回忆的记录。

即使在这时，当他的手机一出现信号，还是有电话打进来。他不得不停下脚步，与对方交涉。偶尔听到一两句，对方开口都是百万千万甚至上亿的。当他挂了电话微微摇头时，我问他："你会不会碰到骗子啊？"他说："当然会。一开始浪头都很大，真要他们付款了，一个个都原形毕露。一百个电话中能真正成交的有五六个就很好了。"

他边回答，还不忘回头关照小张："当心好殷老师，是你丈母娘哎。"小张厚道尽责，有几个地方几乎无路，他一只手搀扶着殷慧芬，另一只手拨开左右两边一人多高的野茶树，探险似的往前。

穿越、登高，突然前面出现块空旷的平地，一大片野茶树自由自在地狂放地生长在这块土地上。背后是大片竹林，再后面又是起伏的山峰。有五六个妇女在俯仰着采茶。

与我挨得最近的是小章的婶婶，年近花甲，我看着她略胖的身材，觉得她从白石村一路步行，翻山越岭，尤其在那坎坷小路上登高，一定也不轻松。

我说："这几天采茶，你们就这样每天上山下山？"她说："是啊，总不见得有人抬轿子送我们上来？"婶婶挺风趣。

我问："吃中饭怎么办？"她说："带点干粮、开水。中午回家吃饭，来来回回不划算。"我在路边果然看到一个布袋，里面有罐装的王老吉。

我又问："那你从早到晚可以采多少鲜叶？"

她说："5斤。"

我在白石村的茶坊看到有茶农卖茶青鲜叶的，我们刚上山时看到的那片，一斤茶青收购价16元。这里采的野生茶每斤卖20元。这些妇女翻山越岭，在这片荒野的茶树丛中劳作一天，收入也仅百元。

"这个地方的茶有50年不打农药。"婶婶告诉我。我粗略一算，估计这片茶园是合作化或人民公社时候开垦的，"文革"开始后，没人再管理了。

我问："这个地方叫什么?"

她说："叫什么坪，我普通话说得不准，这座山形状有弧度，像酒壶。因此，有人叫'酒壶坪'。"

我问小章："你妈妈呢?"

我听她说过，她妈妈自称像"野猪"一样。很少有女性自称"野猪"的，这是因为她整天喜欢往山里钻，茶季采茶，种果树，摘野果，挖野菜、野草药，像男人一样在"树篷鸟"水库或山里池塘钓鱼，一刻也停不下来。

小章往最远处的那个妇女指了指，说："在那边。像野猪一样跑得最远。"

大家笑起来，很想见识这位"野猪"妈妈。我后来在山下她家里见到了她，无论从名字还是从模样，一点不像野猪。也许常往山里去，有相当的运动量，身材还很挺拔精神。

在酒壶坪，我向她挥挥手："你好!"她也向我挥挥手，叫喊了一声。风太大，听不清她喊什么。

我在野茶树丛中行走，寻寻觅觅，我发觉在酒壶坪周边，茶树的品种还真不少，有的高大如武夷山老枞水仙，有的低矮像武夷山肉桂，叶片有的舒展宽阔，有的紧凑细密。山上虽说虫少，但叶片上还可见虫咬的痕迹。用小章的话来说，虫子要吃就吃掉点吧，这么大的一片野茶树，凭她妈妈、婶婶这些并不年轻的妇女来采，一个茶季能采多少啊? 我发现有茶树长在

231

岩石边，茶"上者生烂石"，陆羽一千多年前的论断，用在这些野生茶树上倒是很贴切的。

山风忽然更大了，呼啸着有一种山雨欲来的气势。大树、竹林在风中晃动，我们的衣衫、头发也全被吹乱。这种风的咆哮在我听来是一曲狂放的交响乐。野茶树、野花野草、绿树翠竹、采茶人和我们，似乎全都是这奔腾豪放乐曲中的音符。我们任这暴风狂吻，接受它的肆意拥抱。

疫情关了我那么久，此刻与大自然亲近拥抱好爽快，我享受着青山绿林的清新，有一种久违的舒心和愉悦。我看见满头白发的老伴手捧鲜嫩的茶青，那种痴迷，那种沉醉，我想她的感受也与我一样。

酒壶坪没有信号，"口罩猎人"小华安静了许多。没有人在这时向他订购口罩，他也无法与国内国外的商家洽谈业务。这时的他，仿佛又回归到在苏州博物馆看刺绣，在潘家老宅与我一起品茶，在上海历史博物馆坐在那里听我讲中国茶的那种安静。

蛮荒的生态茶山和山下人们为利为名熙攘往来，判若两种境地，两个世界。而小华这个"口罩猎人"在这原始的山林与山下的世界里也判若两人。此刻，他像平常人一样，安静，本色，不再为口罩忙碌。因为茶山满满的负离子，没人需要全世界为之疯狂的口罩。

山风依然很猛，却很纯净。

花海禅茶乌牛岗

    2020年4月，我随"口罩猎人"小华在浙江新昌东峁山访茶，上海作协的朋友小周知道后当晚给我发微信，说新昌最好的茶产自小将镇，推荐我一定去那里的菩提峰、乌牛岗的茶园看看，茶好，风景好。

    我忽然想起上海作协与新昌的茶是有点关系的。有一年，我和殷慧芬去巨鹿路作协，朋友给我们泡的就是新昌龙井。朋友问："你是老茶客，这新昌龙井，你喝喝，怎么样？"我喝后直言："不错，不比一般的西湖龙井差。"小周在作协办公室分管后勤这一块，现在想来，那次喝的新昌龙井未准就是他经手的。

    有道是出门靠朋友。我抓住机会问小周："你在小将镇还有熟人不?"小周直言:"原来确实可以介绍给你,可惜两年前他去世了。"

小周在与我交流时,小华、小张和当地的"带路党"小章都在。小章说:"小将镇菩提峰和我们今天去的东岇山,茶都很好。小将镇的宣传推广做得比我们好。你们可以去看看。就是下雨天,山路弯道多,车不怎么好开,要小心些。"小张说:"我在宜兴经常开山路的。我还开过莫干山的山路。应该没问题的。"

第二天早晨,雨小了些。早餐后,我去民宿屋顶花园,据说在这里可以看见李白诗中的天姥山。唐开元年间,李白初登天姥山,有诗:"借问剡中道,东南指越乡。舟从广陵去,水入会稽长。竹色溪下绿,荷花镜里香。辞君向天姥,拂石卧秋霜。"之后,李白还写过长诗《梦游天姥吟留别》,一开头就说:"海客谈瀛洲,烟涛微茫信难求。越人语天姥,云霓明灭或可睹。"诗中所说天姥山,即在如今的新昌境内。

细雨朦胧,我看不清远处的天姥山,觉得这次两日游实在局促,除了天姥山,四明山也有许多胜迹,都来不及一一寻访。我下了屋顶花园,小华和小张刚在用早餐。小张说他一夜被小华折腾得没睡好:"为了口罩生意,凌晨 2 点还在与墨西哥人谈生意。"小华解释:"这也不能怪我,我们这里半夜三更,墨西哥正是白天。有生意,我总要做啊!"

雨停了。我们出发去小将镇看茶。一路风景。雨后,天地像被洗过一样，山谷飘浮的云雾让我觉得像仙境一般。途中，我几次要求临时停车，只为把美景留在镜头里。

半小时后，我们到了小将镇。在里东村，导航似乎有点让我们没方向，于是不得不停车问路。村民知道我们想去菩提峰看茶，说："茶厂在山里，车开不上去。刚下过雨，山路不好走。"劝我们别去了。我们又问："那乌牛岗茶厂怎么走?"村民指着不远处的岔道说："车一直可以开到茶厂门口。"

里东村村口，一堵古色古香的白墙上写了"花海禅茶，诗意里东"八个字。这是对这一带景色的概括。

拐入去乌牛岗的山路，景色更迷人。如果说在公路上观景像在看画，那么此刻，我们就像置身画中了。

正是春暖花开的季节，一大片樱花扑面而来，我仿佛坠入粉色梦境。车刚在茶厂门口停下，我和殷慧芬就急不可待地扑入茶园，田埂泞滑，一不小心鞋上就沾满黄泥。我们不在乎，为这片新绿的茶园，老夫又发少年狂。近看，樱红茶绿;远望，还有竹林、红枫。登山赏花、吸氧洗肺，空气新鲜得令人沉醉。

在野外贪婪地吮吸着负氧离子，过足了瘾，我们走进这家"新昌县标准化名茶加工厂"。规模比小章哥哥的作坊大，加工设备也更齐全。工人们正在忙碌，已经烘干的茶在竹匾上摊放着，我凑近细看，颗粒状，卷曲细嫩。小周昨天说，新昌当地人喜欢喝云雾茶，形状像珠茶。这茶就是。

有工人向我走近，我问这云雾茶价格，他回答："六百到七百一斤。"我说："贵了点。"他说："茶好，你闻闻。"

我闻着茶，果然香。我想起周作人笔下他从小吃的本地茶叶，新昌属绍兴地区，我不知手中那捧珠状的云雾茶与"苦茶庵"主人喜欢的平水珠茶有什么区别，与这珠状云雾茶相似的还有安徽泾县的涌溪火青。著名作家鲁彦周在世时最爱喝，戏称其为"老鼠屎"。由于与鲁彦周夫妇有交往，我也喝过。相比之下，涌溪火青色泽更深些，卷结也更紧些。

正这么比较着，一位中年男子向我走来，自我介绍他叫吴海江，是乌泥岗茶场总经理。小华机灵，忙不迭地把我推在前面："楼老师，上海作家，写过《寻茶记》等好几本茶书。"

寒暄一番后，吴海江客气地请我们去他的办公室喝茶。办公室也是他的茶室，坐下后，他给我一张名片，上面还有个头衔："新昌县里东村小将村村委会主任"。他给我们泡茶，一绿一红。绿的就是云雾茶，叫"菩提曲毫"，红的叫"菩提丹芽"。

吴海江的五百来亩茶园平均海拔 600 米，群山环抱，云雾缭绕，一年四季与花海为伴，环境得天独厚。吴海江在菩提峰有一百来亩茶园。菩提峰是新昌境内最高峰，海拔近千米，山顶有禅寺，周围茶树围绕，茶禅合一的意境让游客流连。在乌泥岗，吴海江有茶园两百多亩，乌泥岗与菩提峰遥遥相对，茶的枝叶浸润在菩提峰散发的灵气中，茶也多了几分禅意。

"菩提丹芽"四个字由新昌大佛寺方丈题写。"菩提本无树，明镜亦非台"，吴海江以"菩提"命茶名，意味着他做茶时怀有一颗敬佛之心。

我在他办公室看到"菩提丹芽"2016年荣获上海国际茶文化节中国名茶评比金牌。我瞅着他，半真半假地问："为得这块奖牌，你少不了公关吧？"他笑了："没，没。我送去茶样，评比结束，他们通知我得金奖了。我稀里糊涂的，还不知怎么回事。我们乡下人，在大上海要搞关系，连门都找不到。"我品着茶，"菩提丹芽"外形纤秀，滋味却甘醇。他说的应该是实话。

小将镇位处"唐诗之路"，东与宁海接壤，南和天台交界，北与奉化毗邻。境内有小将江、结溪江、茅洋江等主河道，森林资源有18万亩，是新昌境内面积最大、森林覆盖率最高的山乡。优越的生态环境和吴海江在茶园管理上坚持绿色环保理念，用菜籽饼等有机肥取代化肥作为茶园基肥，在制茶时怀着敬佛之心，认真虔诚，"菩提丹芽"能在上海茶文化节脱颖而出，获得殊荣，也在情理之中。

吴海江原是里东村的普通农民，初中毕业后开过挖掘机，做过小生意，外出到宁波闯过事业。2004年承包了乌泥岗茶场后，就一心扑在茶叶产业上。

我奇怪，都说这里的龙井好，怎么没见他做龙井。他说："前几天，我主要做龙井，都卖得差不多了。"他有点诡谲地告诉我："不瞒楼老师说，杭州不少做茶生意的，都到我这里来拿龙井茶。"

"他们再贴上西湖龙井的标签，高价出售？"我问。

"那就不知道了。"他答。

吴海江一开始做龙井，在生产和经营中都碰到过困难。但他好学，四处取经，严格把关，在制茶过程中老老实实认认真真按照工艺去做。摊青、辉锅……每个环节都不马虎。独特的生态环境和规范的加工工艺，他的龙井茶很快出了名。有一年，有茶商曾想定购他余下的全部春茶。吴海江婉拒说："要我这茶叶的人多，大家分分吧。"

大佛龙井早春茶供不应求，效益也好，但过了春季价格就跌。吴海江思考着能不能做点别的茶，改变这个局面。2010年，他生产"菩提曲毫"，清纯与鲜润的特点得到了大家的认可。2014年，他开始"以红补绿"，邀请县茶叶站专家指导红茶生产，坚持采撷春夏茶最嫩的芽尖为原料，成功研制出一芽一叶的"菩提丹芽"。接连在上海国际茶文化节、"浙茶杯"优质红茶推选活动中获金奖。

吴海江向我透露他还在研究黑茶与黄茶的开发，不久我们也许可以看到他"菩提"系列中的新品。

品着茶，听着吴海江的介绍，小华不失时机地从挎包里掏出《寻茶记》："这是楼老师写的书，你的故事说不定也会让楼老师感兴趣。"

一旁玩耍的吴海江的小女儿听说来的客人是作家，奔过来嚷嚷道："这书我也要，我也要爷爷签名。"小华又掏出一本给了小朋友。

因为疫情期间小华业务繁忙，我们向吴海江告辞。吴海江说："就在我这里吃便饭吧?"我用目光征询小华意见，小华说："好好，恭敬不如从命。"随后又悄悄说："原先还担心无人接待，现在还有人请饭。楼老师，我们都是借《寻茶记》的光啊!"

吴海江听见了，也接茬说："是啊，楼老师以后到新昌，就到我这里来看看，指导指导。下次陪你们上菩提峰。"

临别，吴海江夫妇与我们合影，背景是绿色茶园和满目樱花，前面池塘里一片粉色，那是风雨吹落的樱花瓣。一湖池水半池花，里东村村口墙上的"花海禅茶"四个字，在乌牛岗可真是名副其实。

班章老寨见闻

　　十多年前，我喝过"老班章"，其霸气雄浑让我难以释怀。我不但撰文《妹子偏爱老班章》，还占打油诗一首："为伊憔悴为伊狂，妹子偏爱老班章，为得雄浑真滋味，再等半世又何妨？"

　　如今，未等"半世"，"老班章"已让我看不懂。2018年春天，互联网上有说老班章茶王古树的毛茶被炒作到68万元一公斤，而在一个农产品展销会上，标以"老班章"名称的圆饼茶，摊主吆喝着50元一饼，还无人问津。

　　这"老班章"到底怎么了？

　　2019年3月，我去勐海。到达当晚，那里的朋友"厚沃"兑兑就向我介绍班章老寨，还特地告诉我，那茶王树和皇后树是村里62号茶农家的，他可以带我去。我因为事先已答应由一位容姓广东茶商带我进寨，不想失信，便向兑兑说明缘由，感谢他一片诚意。

第二天容老板的越野车带我进布朗山，一路经曼缅、贺开、曼弄等山寨。在班盆老寨，车停滞不前了。直觉告诉我：一、老班章村离班盆已不远；二、正是采茶季节，去班章老寨的茶人游客不少。

打开车窗，我见路边一家茶厂棚下，有一对夫妇坐着挑拣竹匾中的黄片老叶，那妇女还握着手机忙着打电话，金属板搭建的墙上挂着招牌，勐海、勐混、班盆、龙腾、茶源、茶叶、专业、合作社……名字一长串，读着拗口。

久不见有车辆向前的迹象，与其空等，我想还不如下车找那对夫妇聊聊去。见我走近，妇女放下手机打量我，那男子则起身笑脸相迎。

"挑拣黄叶啊？"我问。普洱毛茶的初制，大抵与绿茶相仿，采摘、萎凋、杀青、揉捻……不同于绿茶的是，普洱茶揉捻之后是晒青。晒青之后就是剔拣。

那男子见我不是一点不懂，热情地介绍他的春茶，还带我上楼去看新建的用作晒青的玻璃棚，告诉我地上篾席上正是前两天刚采制的班盆古树茶。

班盆古树茶园分布在1 700多米的山坡地带，自然生态环境良好，老寨的历史比老班章村更早，在老班章村迁来之前，拉祜族先民已在班盆定居植茶。

我问男子："班盆的茶与老班章的区别在哪里?"男子说："一开始茶气不如老班章凶猛,但也强劲。生津快,回甘持久。如果说老班章有茉莉花、兰花的香韵,那么班盆的茶回味有蜜果香。"他的最后一句说得更有意思:"再一个区别就是班章毛茶一万元一公斤,班盆的茶便宜一半都不止。"我听了哈哈笑起来。

前面的车终于动了。离开那对夫妇前,我向男子要了一撮毛茶。他很客气:"多装一些。"我说:"够了,能泡一壶就行。"

去老班章村途中,我们的车两次被拦。那是村民设卡检查,主要看车内有没有从外面带进老班章村的茶叶,以防低价的外山茶进了班章村摇身一变为昂贵的"老班章",以假乱真。

老班章村离班盆不过两公里。村口的灰色水泥牌楼是新盖的,并不怎么美观,充其量只是一个"打卡"的标志。又有村民拦住我们,说是一律不许外来车辆入村,除非你是找某户村民,报出门号、姓名,并要对方接电话确认。容老板在勐海买卖茶叶多年,也有村里的关系户。打通电话后,电话中对方向村口看守说了几句,那看守手一挥,让车进村,一边还解释:"我们也没办法,要不然,车太多,村路都被堵死。"

进了村,我又见一新鲜事,在海拔1 700多米的山村居然有金融机构:云南省农村信用社。我走遍全国未见识过。当地朋友告诉我:"'老班章'刚红火那时,村里茶农只认现钞,不认转账和支票,更没有现在的'支付宝',做生意的不可能用麻袋装现钞进村买茶，信用社就应运而生，方便茶商带支票兑现付给茶农。"我听罢哈哈大笑，没想到在十几年前，这里的茶就被世人认可了，追捧了，而寨子里的村民却还没"开化"。

老班章村的巨变就在这十几年。上世纪八九十年代，老班章的古树茶无人问津，最好的茶叶也只卖十几元一公斤。那时村民住的是茅草屋，以种玉米稻谷维持生计，由于海拔高，粮食产量低，有些村民连饭都吃不饱。蔬菜和肉类食品更少，村民靠盐巴拌辣椒下饭。九十年代初，老班章村集资数万元，从原始森林的山间小路人背肩扛，将百来根水泥电线杆抬上山，村里通了电，向世世代代靠松脂、火把照明的岁月告别。本世纪初，政府修筑了从老班章村通往外界的乡路，结束了千百年来老班章村民与世隔绝的历史。

如今，老班章村已今非昔比。茶农们新盖的小楼鳞次栉比，面积都有几百平方米，所用建材也不差，只是没有庭园，每家每户挨得很近。

住宅门牌编号的无序，让我们的车在村里来回寻找很久。找到后，这户人家的底层停了四五辆轿车，装潢也很有点土豪的感觉。

在茶农家坐下后，主人为我们泡茶。我注意到，他一开始泡的是袋泡茶，当然不是"立顿"红茶之类的茶末，从半透明的茶袋中我看到黄片茶梗。我笑了笑。也许是因为"老班章"的昂贵，让他舍不得泡茶叶。

这时，容老板悄悄与他嘀咕了几句，说什么，我听不清。他稍有尴尬地解释几句，说是今年刚采制的毛茶被一位深圳老板全买走了，"要不，泡一壶去年的吧？这去年的茶原本留着给我女儿做嫁妆的。"他女儿才10岁。

我看看主人有点苍老的脸庞，有点不信，待他去隔壁屋里取茶的片刻，我问："女儿才10岁？那他自己几岁？"容老板告诉我，主人还不到40岁。我吃了一惊，那张脸上的皱褶似乎比我还多，他长得真是有点急。

主人拿来了他留给女儿的陪嫁茶，条索粗硕，芽头肥壮多绒毛。我闻了闻，有股山野气息，那是古树茶特有的香韵。一壶沸水冲泡后，香气在四周弥散，出汤后，茶汤橙黄，叶底留香。我喝一口，这茶虽已隔年，但仍稍显苦涩。须臾，这苦味就转而回甘。

喝着茶聊天，知道班章村有140来户人家，500多人口，8 000亩茶园。这户茶农家有60亩，每年做600公斤毛茶，每公斤卖8 000—10 000元。"这家人，什么都不干，光凭他们家的茶园，一年五六百万收入是没问题的。村里收入最多的茶农，每年一千万。"容老板如是说。

"有没有合适的小男孩，订下这门亲事，你就不愁钱了。"容老板这话显然是说笑，但主人有钱是不争的事实。

老班章是普洱茶中的霸王。早在十多年前，我就听说有"班章是皇，易武是后"的说词，可见老班章的霸气是公认的。

茶过三巡，我提出要去看老班章茶王树和皇后树。虽是阳历 3 月，但地处中缅边境的勐海地区气温已达摄氏 35 度。正是中午时分，村里的规矩又不允许外来车辆行驶，要看"班章王"和"班章后"，必须顶着烈日步行一公里。带路的容老板打退堂鼓了。我说："你不走我们走。要不我千里迢迢来这里干什么？"

这时，一位小伙子开着摩托出现了。我上前搭讪："你能不能用摩托把我们一个一个送过去？我们可以付车费。"小伙子是这户人家的侄子，朴实热情："不用车费，我找辆三轮卡车送你们过去。"坐三轮卡去看茶树，我还是头一回，我们一行五人相互帮扶着爬上三轮卡，席地而坐。想打退堂鼓的容老板这时也爬了上来。我坐过多少豪车，忘了。唯独这回坐三轮卡看茶，难忘。

终于见到了这棵享誉茶界的老班章千年茶王树，树干粗壮，垂直向上生长，有 7 米高，展现了茶王树的豪迈霸气。左侧是老班章"茶后"。茶后没茶王树那么高，却枝繁叶茂，有一种丰满之美。茶王茶后树并肩而立，一个顶天耸立，一个丰枝招展。难怪围观、"朝拜"的茶人游客络绎不绝。我想在茶王树前留个影，不但需要等候，而且拍照时还要忙不迭地与不相识的游人打招呼，请他们稍微离开些。这种挤着拍照留念的场景我在巴黎埃菲尔铁塔前、在埃及狮身人面像前经历过，如今，在这偏远山寨重现，让我不得不心生感慨。

来的人太多，茶王茶后树现在用竹篱笆围起保护。62 号茶农家还专门有标牌告示："您已进入老班章茶王地，请您爱护环境卫生，不要折枝采摘。"此时，我明白村口设卡限制外来车辆入村，村内不允许外来车辆行驶的意义也在于对生态环境的保护。

从班章老寨回到勐海县城的那天夜晚，兑兑接我去他的茶厂喝茶，问我对老班章村的印象。我一一直说。他笑了："有迷恋老班章古树茶的茶客为好这一口，每到茶季把钱打到茶农账户后，就守在那里，自始至终看着茶农从那棵老茶树采下鲜叶，亲历萎凋、杀青、揉捻、晒青的初制过程，最后用车拉走毛茶，找可以信赖的茶厂压制茶饼。如果他没时间，他就让信得过的朋友去监督，并摄下采制的全过程，将录像与茶一并寄发给他。我们把这叫'守采'，为的是确保老班章茶不被调包。"

兑兑坦言，他也为他的客户"守采"过。他手机中存留的录像，真实地记录了茶农们攀爬在老班章高大的树干上采摘的场景。

说完，兑兑神秘兮兮地从他的拉杆箱里取出一袋古树毛茶，说这茶是他在62号茶农家"偷"的。我说："你怎么能偷?"他笑笑："就这么一小袋。我'偷'，是因为喜欢。"我盯着他看，心想除了喜欢，还因为他与62号茶王树家的关系不一般吧!

他开始冲泡。随着霸气而甘醇的山野茶韵在屋子里渐渐弥漫，我陶醉其中。如果没有兑兑的"偷"，我能品尝到老班章茶王树家的茶滋味吗?

做茶像在酿美酒

十多年前我逛茶城，会遇到各式奇人。有一次，我刚在一家茶铺坐下，有一人凑上来："你带茶了吗？"我茫然："我是来买茶的，带什么茶？"他从兜里拿出一小铁皮罐，"你若带了，我与你斗茶。"我大笑："我还以为你找我斗蟋蟀呢！什么好茶啊，我看看。"他献宝似的打开，一层棉纸包裹着，绛红色一小块普洱茶。

普洱茶有生普与熟普之分，与我斗茶的陌生人手持的茶便是生普，他说已经存放 20 年了。

我喜生普甚于熟普，那是因为生普醇畅奔放。但是，生普需要岁月，需要时间的储熬，需要日长时久在大自然的呼吸中转化。许多茶客少一分等待的耐心，就选择 1973 年之后才有的人工渥堆发酵的熟普，所谓"饮熟茶、品老茶、藏生茶"的经验之谈也概源于此。

我不怎么喜欢熟普，因为熟普大多有一种我不喜欢的"渥"味，上海朋友称此种"渥"味为"屋宿气"。所谓"屋宿气"，就是一种长期不打开门窗，屋里所生出的那种沉闷的不新鲜的气味。

久而久之，我在上海茶城寻寻觅觅，不愿多花时间去辨别熟普是否有"屋宿气"，我把有品质的生普作为猎取目标，比如兴海茶厂的"风雅颂"、纯料野生班章王、李记谷庄的"公爵号"茶饼、冰岛易武布朗邦威南糯老曼娥等茶山的古树茶……尽管刚买的生普对胃肠有一定的刺激性，但我宁肯妥善储存若干年，用时间换取陈化之后的好滋味。

我对熟普的成见，终于也有改变的一天。2018年岁末，"荷木·嘉园"的主人杨凤蕊女士邀我喝茶。坐下后，小杨笑嘻嘻地征询我意见："喝普洱?"我说好啊。她取出一块茶饼，打开后用茶刀撬了一小块，投入壶中，用沸水洗后开始冲泡，久违了的普洱茶韵在古色古香的屋子里弥漫，我看着杯中酒红的汤色，品了一口，厚醇滑爽，茶香无可阻挡，丝毫无生涩之味，也无"屋宿气"，便问："这是多少年的普洱老茶?"

杨凤蕊笑了："老茶客也有判断失误的时候啊!"她告诉我，那是一款熟普，是2018年才生产的。我激动起来："是吗?"她递过那茶饼，200 克，包装纸上"十年藏冰岛大树熟普洱茶"几个字很醒目，生产单位是"云南省勐海县厚沃云海茶厂"。我说："这厚沃的名字好，厚土沃壤。什么时候看看去？"杨凤蕊爽快："好啊，你什么时候去，我来牵线搭桥，厚沃的老总是我河南老乡。"

2019 年 3 月，我山西太原的茶友、"掬月汀"女主小冀约我同去云南西双版纳看普洱茶。抵达勐海的第二天，杨凤蕊果然把她河南老乡、厚沃的掌门人兑兑介绍给我。兑兑刚从昆明回来，立马与我联系上，得知我白天都已有安排，便在夜晚接我去他那里。

厚沃云海茶厂在勐海佛双路，离我下榻的酒店并不远。打开厂门，里面黑洞洞的，路上堆着建筑材料。兑兑告诉我，他正在按国家规定的标准改造工厂，环境、生产场地、设备、质量检测……在许多地方要做得比国家规定的标准更好。"什么都要做在前面，人无远虑，必有近患。花些钱，让生产环境等各方面达标，企业就有竞争力。"

我说我喝过他的一款熟普，感觉很好，改变了我多年对熟普的成见。

人总是喜欢听好话。兑兑笑了："那先去车间看看我们的发酵现场，体会一下你对厚沃的熟普为什么感觉好？"

车间里没电，每走一步，全凭兑兑他们用手机照明，一面还不断提醒我们小心。进了车间，满屋茶香。一块水泥地上堆着两尺来厚的正在发酵转化的普洱茶。那种好闻的气味，让我沉醉，我连连做着深呼吸，似乎不贪婪些就错失了此刻弥漫的珍稀气息。兑兑深知我心，双手捧起一掬，凑近我面前："好闻吧?"我的神态像个酒徒在一瓮美酒面前，而这茶的发酵也像是在酿造美酒。兑兑说："它的发酵还在进行中。几十道工艺呢!"

移步至茶屋，兑兑低声向身边的助手龙哥吩咐了几句，龙哥起身出门，紧接着我听见开关车门的声音。片刻，龙哥提着一个拉杆箱进来。

"我们看书喝茶。"兑兑笑笑。我奇怪，喝茶就喝茶呗，喝茶还看什么书? 莫不是我和殷慧芬两位作家的到来，让兑兑也书生气十足了?

兑兑神秘兮兮地打开拉杆箱，取出书和茶来。那书是《七子饼鉴茶实录》和《深邃的七子世界》，有图有文字。翻到其中一页，兑兑指着图像说："我们先喝这茶。"此时，我方明白他看书喝茶的意思。

那图像是上世纪六七十年代的"文革砖"。《七子饼鉴茶实录》这么介绍："真实的'文革'期间的茶砖是这样的：饼面碎末夹杂粗老梗叶，这与原勐海茶厂厂长邹炳良的回忆相符合，真实的边销砖生产以粗老叶为主，并拼入绿副茶及红副茶……"

我细细比照兑兑取出的那块茶砖，除色泽稍深于图像外，几乎没有太多的差异。这块茶砖在木霁弘和胡波主编的《普洱茶文化辞典》中也有记录，连"勐海茶厂革命委员会"的内飞都与兑兑的茶砖一样。除"文革砖"之外，兑兑收藏的另一款五十年代"无纸红印"圆茶，《普洱茶文化辞典》和《深邃的七子世界》中也有图文记载。

这两款茶无疑是现代普洱茶中的上品。"无纸红印"的口感被多位品鉴普洱茶的高手排序，在前五名之列。在上海某茶所，泡一壶"无纸红印"，价格不菲。那夜，我有缘品味，实属意外之喜。

我看着杯中那油光透红的厚酽茶汤，问兑兑："你怎么想到泡这两款茶？"

兑兑又是神秘地笑笑，问："好喝吗？"我说当然。兑兑又说："这就对了。七十年代初，香港的一位富商，带着他所喜欢的普洱老茶，来到云南，问云南的做茶人能不能做出这样的口感。云南茶人开始把人工发酵的熟普作为一个课题来研究。当时的昆明茶厂、勐海茶厂还专门派人到广东去考察学习。以前云南普洱茶没有人工发酵的，1973 年还处在试验阶段，直至七十年代末，熟普工艺才成熟并定型。勐海茶厂当年是做得比较好的。"

他这么一说，我恍然明白，此刻喝"无纸红印"和"文革砖"的意义，他是在寻找那种口感，并用这种口感为标准来比对他研发生产的熟普，以求不断提高。果然，紧接着他又拿出几款厚沃的茶品让我一一分享品鉴，其中一款就是我在上海杨凤蕊那里喝到过的十年藏冰岛大树熟普洱茶。

喝着茶，兑兑说他与茶的缘分。"70后"的兑兑曾在河南信阳当兵。信阳出茶，一款信阳毛尖驰名天下。兑兑在教导队服务社，买茶卖茶是他那时的本分工作。从部队复员后，他开始有意识地经营茶叶，卖过信阳毛尖，也卖过凤凰单枞、武夷岩茶。1999年，他准备开茶馆，当时国内有关茶的资料不像现在这么丰富，遇到普洱茶，一开始他不觉得有什么特别，并不动心。2005年，有一天他又回到茶馆，喝6年前的那款普洱茶，这茶的变化让他惊讶，普洱茶原来有如此魅力，岁月是最好的制茶师，这话用在普洱茶身上再恰切不过。于是，他舍弃了买卖别的茶类，包括让他改变人生轨迹的信阳毛尖，一头扎进普洱茶中。他在西双版纳、在临沧、在易武六大古茶山行走出没，与当地老茶人交朋友，虚心向做茶高手讨教、学习，在探索和实践中完善他对普洱茶的理解。

兑兑说："以前普洱茶的消费对象不少是藏区的牧民，青藏高原不像江南，那里很少有蔬菜，牧民们多食牛羊肉，依靠普洱茶'解油腻、牛羊毒'，'腥肉之食，非茶不消'，'一日无茶则滞，三日无茶则病'。'文革'中许多茶厂生产不正常，藏区牧民无茶可喝，据说后来上面下了指令，要为藏民生产20车皮的普洱茶。现在流传的'7581'就是那时的产品，里面内飞还有'革命委员会'的字样。"

我问："采摘、萎凋、杀青、揉捻、晒青，毛茶蒸湿用石磨压制，生普就这么制成了。而熟普的制作你说有几十道工艺，复杂得多，为什么市场上有的熟普比生普更便宜？"

兑兑说："有了熟普之后，牧民们拿来就能喝，但他们消费水平不高，有些熟普在选料上并不讲究，一般用5—8级的原料，而且大多用夏茶秋茶做。因此价格相对便宜是正常的。现在，喜欢喝普洱茶的越来越多，其中不乏名人、大咖、富翁，他们也不愿意花十几、二十年的时间去等待高品质的生普自然陈化，就对熟普提出了新的要求，从原料到工艺，包括生产环境。好吃的东西离不开发酵，茅台、法国葡萄酒、酸奶、腐乳、纳豆、醋……甚至是馒头、面包，没有发酵过的面食好吃吗？发酵的主角，是微生物。但发酵并不是发霉，太便宜的、霉变的所谓'熟普'，你敢喝吗？"

兑兑的回答让我想起刚进厂时看到的大兴土木改造厂房那一幕，也想起他做的熟普，因为选料是冰岛十年陈大树毛茶，我口中除了仍有余香，还有丝丝甜味。尽管十年前的冰岛茶不贵，但现在的冰岛大树毛茶每公斤的价格就逾万元呢！难怪这些年来不少大咖对他生产的熟普情有独钟！

回首20余年的经历，风风雨雨，酸甜苦辣，兑兑为的是一个"茶"字，他坦言，如有来生，他依旧与茶相伴，他愿意把人生化作厚土沃壤培育好茶，像酿美酒那样做好茶。

临别，兑兑送了我两饼专为名模马艳丽"云秀·茶马古道"盛会"酿造"的冰岛十年陈熟普。我无法抵御此茶之魅力，一面笑纳，一面脸皮厚厚地为自己辩解："恭敬不如从命，却之不恭，却之不恭啊。"

什么时候我若再去上海茶城，我就带着兑兑送我的这款茶饼，假如再有人找我斗茶，我就用它与他的茶比试高低，管他是十年二十年的什么陈茶，厚土沃壤培育酿造的茶让我底气十足。

十年藏非常版冰岛大树茶

2020年1月21日，快递小哥送来一份来自云南的春节礼物：十年藏非常版冰岛大树茶。寄件人是西双版纳的朋友兑兑。

2019年3月，我去过西双版纳，去过勐海兑兑的厚沃茶厂。喝茶，聊天，看生产现场。兑兑双手捧起正在发酵的普洱茶，凑近我面前，我的神态像个酒徒在一瓮美酒面前。那情景至今难忘。这款非常版冰岛大树茶，让我又想起那个夜晚，我想这茶一定产自那个茶香氤氲的车间。

我不喜欢喝刚到手的茶。许多年之前，有一回我买了刚从云南运到上海的普洱茶，打开后就喝，滋味怪怪的，觉得不那么纯粹，就去店铺"倒赔账"，店主笑笑说："那是茶叶在运输过程中可能飘入了比较混杂的气息，你先在通风处放两个星期，如果再不好喝，你退给我。"两个星期之后，那茶果然干净了许多。

之后，凡茶，我都不爱喝太新鲜的。普洱茶、白茶、六堡茶、千两茶等等，陈年老茶更好喝。武夷岩茶我也非隔年的不喝。即使是每年春天刚采摘的新芽绿茶，我也要置放十天半个月，待火气退后再尝鲜。

兑兑寄来的这款茶，我照例置于高阁，我想用时光拂去它的一路风尘。

我向兑兑致以谢意，责怪他怎么事先不漏一点风声。他在电话那头笑起来："就是想让你有个意外惊喜啊！"接着他问："你喝了吗？感觉怎样？"

我实话相告，还想晾它几天。

他迫不及待想知道我的评价，我想这茶一定是他的得意之作。果然，他还是忍不住："非常版，非常好喝，你喝了才知道。"

我虽然没有被他说服，却开始关注有关这款茶的介绍。

兑兑在微信中推介："厚沃最近出了一款'十年藏非常版冰岛大树熟普洱茶'。此茶做工规范、工艺纯正。冲泡后出汤，汤色浓稠红亮，入喉顺滑，茶气饱满厚重，层次丰富，茶香萦绕唇齿，令人心旷神怡……"

这样的说辞，有点广告的意味，我并不以为然。但我注意到了"做工规范、工艺纯正"八个字。

究竟是怎样的做工和工艺？我得知：

1. 原料是 2008 年临沧冰岛的大树茶。

冰岛的大树茶，2008 年并不贵。我那时在上海茶城买一块 357 克冰岛生茶饼不过几百元。十多年之后，产自冰岛的大树茶身价十几倍几十倍地暴涨，当年新采毛茶每斤也要万元以上。由此我想，这经过十余年干仓储存、自然冷发酵的茶，即使不渥堆做熟普，投放市场，价格也不便宜。

2. 历时 60 天左右的渥堆发酵。

做熟普的关键是渥堆发酵，这种发酵除了做茶人的掌控能力外，全靠当地独特的地理环境和发酵时的天时地利人和，一定程度上取决于温度。茶界朋友说，茶的渥堆数量，一般需要 15 吨左右，"抱团取暖"，才能达到发酵所需温度。

万一失败怎么办？即使成功，其中损耗多少？

3. 所谓"非常"，非常在哪里？

兑兑说他们精选了三堆老茶打推。我不知道这三堆老茶各有什么不同特点，是不是这些不同，孕育了它的"非常"？

这三条信息，我直觉这茶便宜不了。

有不少朋友像我一样，一开始并不喜欢渥堆发酵的熟普。那是因为一种沉闷的渥味，而且早期的熟普用料并不讲究，大多选级别较低的毛茶渥堆后压制。许多年过去了，熟普的消费对象开始发生变化，其中不乏商界大佬、艺坛大咖乃至新老权贵。他们对熟普提出了更高的要求，于是兑兑的产品应运而生。

兑兑是有一些贵客的。

我又看到"花父"在朋友圈发帖，说他喝这茶的感受。

"花父"是我2019年8月在郑州讲茶时认识的茶友。十多年前因为他在歌剧《花木兰》中出演花木兰的父亲，获"花父"之称。这称呼比他的真名徐锦江让更多的人记住了。"花父"多才，歌唱得好是当然的，此外，钢琴弹得好，摄影也非常出色。我在郑州讲茶，他全程跟踪拍摄，留下了许多我喜爱的照片。"花父"还很能写，且看他笔下的"非常版冰岛大树茶"：

> 渥堆发酵的所需温度会极大发挥茶的转化，这是与钧瓷烧制有点相似之处，钧瓷"窑变"出的自然流动的姹紫嫣红，让你眼前为之一亮；而渥堆发酵"茶变"出的丰富厚重的茶香以及浓郁滑顺的口感，让你心头为之一震。

他把熟普发酵和钧瓷烧制联系在一起，不能不佩服他的想象力。行笔至此，我想他怎么没把这"茶变"与歌剧《梁山伯与祝英台》中的"蝶变"联系在一起呢？灯光音乐中的那种迷离那种缤纷那种变幻，岂不更为美轮美奂？

读了"花父"这段文字，我产生一种想提前喝此茶的欲望。

己亥年除夕，武汉因为新冠肺炎蔓延已宣布封城，电视屏幕上是春晚节目，我无心观看，关了电视机，内心只想求得一分清静。在这寒夜，也许茶还能分解我的心情。我打开了这款茶，茶饼呈暗红褐色，虽是紧压茶，但松软富有弹性，干茶醇香扑鼻而来。我小心翼翼地用茶刀撬动茶饼，似乎不费什么力，一小块茶就剥落了。我取 7 克，快速洗两次，冲泡 15 秒左右出汤。红玛瑙般的汤色，让我觉得面对的似乎是拉菲酒庄的红葡萄酒，甜蜜的气息在屋子里弥漫。紧接着，茶气慢慢飘升，荷叶香？粽箬香？菌菇香？似乎混合在一起，很难细辨。我揣测这种重叠的茶香是否与三堆发酵茶打推混压有关。

我一泡泡地品味，感受这茶的丰厚层次，体会每一泡之间的变化，寻找其中的神秘。那种温润的口感，甘香爽滑的滋味伴随我从己亥跨进庚子年。

之后，因为疫情，我和大家一样封闭在家。我几乎每天喝这款茶，感受它的非常。庚子之初的这个寒冬，因为有好茶，日子多了几分亮色，几分慰藉。

深山老林那卡缘

　　我们的四轮驱动吉普终于无法再前行了。那是在勐宋古茶山，有"纳版河流域国家级自然保护区"的标牌。一行人只能在原始森林中徒步前往那卡。

　　勐宋山的古树茶以那卡的最著名，有"小班章"之誉。传说清时缅王也岁纳其茶。居住在那里的拉祜族人，历代遵循古法制茶。我早几年买过喝过那卡的茶，开泡后茶汤透亮醇厚滑爽，回甘久长，内涵丰富。

　　那卡位于西双版纳滑竹梁子山东侧，平均海拔 1 700 米。带领我们穿越深山老林的是一个被称"那卡王子"的拉祜族年轻人小杨。同行的还有来自江西九江的几位茶人。

　　满目大树，高大的古茶树有藤蔓攀附、青苔裹缠。深林中，路崎岖，多坑洼，不好走，但大家仍然兴致勃勃。

见到一棵棵高大的古茶树，我仰望着，问："这树有多少年了?"

小杨说："不知道哎。连80多岁的老人也说不知道，他们只会说许多许多年之前……"

我听着大笑，细想这古茶树的年龄，要经过专门机构测定，土生土长的当地人面对这么一大片大树，也许真的说不清哪一棵有多少年。

坐下休息时，我闲不住，在古茶园四处走动，我希望搜获更多的信息。终于我看见古茶树上有挂标牌，这棵"八百年以上"，那棵"一千二百年以上"……

有茶人爬在大树上采茶，也有妇女从更远的深山沿小路背茶篓下山。我用目光迎接她，走近了，我见她背篓装满茶青鲜叶，脖子与茶篓间搁着木板，如同木枷一般。我问她："不痛吗?"她很陌生地看着我，说搁块木板是为了省力。我注目很久，直至她远去。

面对千年古茶树与采茶人，我掩饰不住内心涌动的情感。

中午时分，我们从山里回到小杨的初制所。初制是从茶树鲜叶到茶叶成品的必需过程。小杨的初制所在山路旁，远处一片苍绿大山，近处有桃花盛开，是一个有风景的地方。两层木结构房，底层接待客人，上层玻璃棚晾晒茶叶。屋后有裙房和露天小院。

天气晴好，刚采的茶青摊放在篾席上晾晒萎凋，裙房里有杀青用的炉灶铁锅，铁锅比江浙一带炒茶的稍大。小杨的妻子是个哈尼族姑娘，我们叫她"阿布"，漂亮爽朗。我们到时，她和家人正忙着为我们煮饭烧菜。为迎接我们，今天专门杀了头"冬瓜猪"。"冬瓜猪"在清代就有名，"其猪小，耳短身长，不过三十斤，肉肥腯。"用"冬瓜猪"待客，可是很高的礼遇了。

"阿布"是个炒茶高手，她说这几天经常炒通宵，一天炒30来锅。午饭之后她就张罗着，说要抓紧时间炒茶。我也跃跃欲试，向阿布要了副手套，想在那卡大山里体验一番做茶。可刚炒了几下，阿布就嚷嚷着指导："不对不对，你动作慢了，这样下面的茶青要焦的。"她上前示范，很有点巾帼风范。

杀青之后揉捻，然后再摊放晾晒干燥。晒青与炒青、烘青、蒸青不同。也许，正是晒青，让普洱茶到了一定的年份就会转化，会越陈越香。

九江的茶人因为登顶那卡山，这天在小杨家里宿夜。我们因第二天要进布朗山，傍晚向小杨告别。离别的那一刻，他要我为他写一幅字："那卡缘。"

我一口答应。我瞅着他问："为什么叫你那卡王子?"年轻人害羞了："有一年，几位法国人来这里，给我拍了一张照，朋友们见了，都说照片里的我像王子，那卡王子就这样传开了。"

曾经的穷乡僻壤，因为那里的茶，如今缘结海内外。

老树新枝贺开山

贺开，相对于一些耳熟能详的山头村寨，我似乎有些陌生。早些年，普洱茶的山头还不是分得很细，贺开、班盆的茶，都被布朗山所涵括。有人称"班章为王，易武为后，布朗为王子"。那时，我购买的布朗山茶饼有不少就是贺开的。

接待我们的一家茶企，新盖的三层大屋有 2 000 多平方米，一旁制茶工场不锈钢萎凋槽和长长一排炒茶的大铁锅很有些气派。有妇女在凉棚下挑拣黄叶。我与她们闲聊之间，一位少数民族的老太，背着满满一袋刚采的茶青走进来，要把茶青卖给这家茶企。

老人一头白发，满脸皱纹，却精神矍铄，尤其夺人眼球的是她一身穿着，上红下绿，色彩斑斓，中间还镶花边图案。我看她有七八十岁年纪，心生疑惑：采古树茶是要爬到大树上的，她能行吗？

少顷，有一管事的年轻人前来与老人对话，然后过秤结账。我注意到计算器上的数字420元。老人拿着4张百元大钞，满面含笑，起早采茶也算有了不错的收获。

看着她的身影远去，我问年轻人："那么大年纪，还能爬到古树上采茶？"

年轻人反问："你不信？"他笑嘻嘻地打开手机，让我看一位年纪更大的老人攀树采茶的图像，"我们这里，这样的老人不是一个两个，你到山里走走，说不定就能碰上。"

有图有真相。我无语，我佩服，我自叹不如。

茶企老板是个布朗族小伙子，不高，一顶白色的遮阳帽与他黝黑的肤色形成了明显反差。办公桌是一张茶桌，背后墙上有"说腊茶业"四个字，是企业名称，商标是一位年轻人的头像，显然是他本人。

我充满好奇："为什么取名'说腊'？"

年轻人有点腼腆，说：因为他叫岩温说，妻子叫玉香腊，他名中的"说"加妻子名中的"腊"，成了企业的名称。

"岩温说、玉香腊，这名字好啊。那你的茶里有没有岩温玉香？"我这话里虽有几分说笑，但他们今年的古树茶倒是又让我回忆起当年布朗山茶的滋味来，条索紧结秀长，冲泡后汤色明亮，入口稍苦涩，但苦味很快化作甘甜，汤汁饱满，隐含兰香，有山野气韵。尽管没有"老班章"霸气，但细品之后，仍不失为一款性价比较高的好茶。

小岩告诉我，他有茶园 30 多亩，乔木茶树千余棵。一年做三四十吨茶，除了自家的，他也收别家茶农的古树茶青，每公斤茶青收购价 150 元左右。

我又想起那位卖茶青的老太，420 元的茶青差不多有 3 公斤。

去饭厅的路上，小岩向我介绍他的这幢三层大屋，有客房、茶室，还有卡拉 OK 房。"老师下次来，可以在这里住一星期，我带你看茶山看古茶树。"我被邀请，心里有些甜，觉得这年轻人好朴实好真诚。

满桌菜肴，有大碗的猪肉。为接待我们，小岩他们也杀了一头"冬瓜猪"。小岩的院子里有六七头"冬瓜猪"放养着，从楼上俯看，那几头猪小而浑圆，在草地上走来走去，真有点像滚动的大冬瓜。用"冬瓜猪"待客，在当地是一种很高的礼遇。

午饭三桌，另两桌坐着厂里做茶的工人。对待员工也像对待客人一样，小岩没有厚此薄彼。

午餐后，35 度高温，小岩带我们上山看茶。他开着白色越野车，沿山路颠簸着直奔古茶园。

下车后，站在高地远眺，绿树如海，群山被一片深浅不一的绿色吞没，让我感到什么叫浩瀚。走近了，我方觉这片浩瀚绿海竟大多由连绵古茶树所构筑。也有别的大树，有的甚至直窜云天，粗壮的树围两三个人都不一定能环抱。大树是茶园的守护者，几百年来忠心耿耿，挡风遮日，使茶树的老枝新叶得以滋润生长。

有茶农采茶，也有忙着正准备外运。这批茶园的主人看来不止小岩一家。小岩说，他们家的茶今年3月17日初采，不打农药，不施化肥，不打锄草剂，甚至连枝叶都不修剪，它们想怎么生长就怎么生长，坚持做有机茶。我听着笑了，这茶树他也"放养"，难怪野气十足。

我和小岩在茶树下闲聊，知道他2006年开始做茶，已经做了13年。我问："你怎么会想到去做茶的呢?"他沉默片刻："一开始是我父母做，茶叶卖不出去，问我怎么办，我就接过来做了。那年我16岁。"他再次陷入沉默，不善言辞的他再不说什么。

他的沉默中隐含了一言难尽的艰辛、波折和酸甜苦辣。

我知道贺开人昔日的贫穷，用芭蕉叶作碗，用手指作筷，蘸着辣椒和盐巴吃饭，却仍然饥饿。不知道小岩此刻眼前浮现的是不是这样的少年记忆。我不再追问。

我的目光注视着一棵棵有几百年树龄的古茶树，这一棵树干上有疤痕，那一棵曾经断过枝，另一棵被虫蛀过，还有的藤蔓缠身、寄生物滋长…我恍然觉得每一棵树和每一个人一样，都有不一样的故事。庆幸的是，这里的每一棵茶树每年都在抽枝长叶，吐露新芽。

南糯山，九十九条路生生不息

到达西双版纳当晚，我们从景洪机场去勐海。山路，夜色。经过南糯山的一刻，我忍不住叫起来："啊，南糯山！"

夜幕中的南糯山似乎并不巍峨雄奇，但那里的古树茶一直有名，即使在"老班章"和冰岛茶风头正健的今天，她仍然风范依旧，拥趸众多。

南糯山从什么时候起开始种茶，已难考证。据说南诏时期，布朗族先民已在此种茶。之后，茶山被哈尼族人继承。根据哈尼族人的父子连名的习俗推算，他们在南糯山已生活了57、58代，历经了千余年。

登南糯山，我已想念很久。

从勐海县城到南糯山，开车只有半小时路程。

沿途绿树如海，间或还能见一簇粉色桃花。自然风景之美让人陶醉。

进了山门，在醒目处见"全球古茶第一村"的字样。我暗暗思忖，见识过"老班章"等古村落之后，南糯山依然如此标榜，总是有她的缘由。

车在山道上缓行，车窗外掠过一幢旧建筑。当地司机说这里住着一位有名的画家……

我曾听说小说家马原落户南糯山，却不知那位画家是谁。也许是我寡闻，也许是司机搞不清作家与画家，张冠李戴。

后来我通过别的途径证实，那建筑确实是马原的"九路马堡"。

2008 年，时任上海同济大学教授的马原被发现肺部有肿块，出人意料，他放弃手术治疗，带上新婚妻子，逃离大都市，远走他乡。2012 年的一次远足，他到南糯山，一下子就被迷住。那里的温柔细雨、清幽夜色、新鲜空气让马原一见钟情，从此在那里落户，奇迹般完成了身心的修复。

"南糯山每年至少有三百个清晨有祥云瑞雾环绕其间，即使炎炎夏日山上的空气依然凉爽清新，弥漫着草香与花香。山上的气温终年在 10—28 摄氏度之间。"这里的空气、阳光和水，是怎样的洁净？

马原著有《冈底斯的诱惑》，而现实生活中，他面临的分明是南糯山的诱惑。

车至半坡老寨村委会的木楼前，我们开始步行。

村委会木楼旁有标牌："距茶王树3 100步。"再走一程，又有标牌"距茶王树2 890步。"每个人步子大小不一样，我不知道他们为什么用"步"计算，也许，是想告知人们，这里的路是哈尼族人一步一步走出来的。

茶园漫山遍野。我在江南看茶，茶树多为灌木，山体轮廓很清晰。到了这里，站在山坡眺望，群山的线条几乎全被连片的乔木古茶树所淹没。

江南的茶园是山，而这里的茶园是海。风中拂动的枝叶，是茶海起伏的波涛。半坡寨有古茶园三千多亩，行走其间，像鱼游海洋。

哈尼族人采茶正忙，攀爬在大树枝丫间采摘的男女时有可见，蔚为壮观。我们深入其中，看东看西，问这问那，与她们一起采茶，手执鲜叶凑近了闻香，甚至张开双臂，舒展着，大口呼吸饱含茶香的空气。

去看茶王树的不只是我们。有一拨人从我身边掠过，带路的姑娘穿着件白色T恤，胸口印着"茶，一片树叶的故事，车杰号"等字样。CCTV拍摄过纪录片，这车杰号的主人正是这部纪录片中的人物。

"在不完美的生命中感知完美，哪怕，只有一杯茶的时间。"我上前与姑娘"搭讪"。姑娘告诉我，她叫高荣仙，是车二的太太。大哥车杰不仅是纪录片中的人物，而且还是斗茶赛冠军、当地"茶王"。"车杰号"与"茶，一片树叶的故事"已成了他们家的品牌。由于选料讲究制作精心，"车杰号"的茶，很受喜茶人追捧。

小高说，她第一次去车家时，附近好多人来看，因为当年她是村里第一个与哈尼族人谈恋爱的汉族姑娘。"以前路不通，很少有外人来。现在马路也修好了，每家每户都有车，连外国人都来了。"曾经封闭的山村，因为新辟的路，四通八达。

我与小高互相加微信，我想更多地知道，"车杰号"从普通茶农走向"茶王"、走向 CCTV，经历了怎样的路途。我说："等一会我还要找你的。"

小高看到我微信名字，知道我写茶，很爽快："好啊，欢迎楼老师到我们家喝茶、寻茶。"

茶王树附近。一个哈尼族姑娘站在木栏上采大树茶，见我这个外乡客对什么都兴致很浓，骄傲地说，那棵茶王树是她们家的。

我问姑娘："你们家的茶王树有多少年了？"

姑娘说："800 多年了，南糯山过去有过一棵老茶王树，也有 800 多年树龄，可惜后来死了。我们家这一棵是后来新命名的。"

南糯山称"全球古茶第一村"，就因为这里的茶王树最早被界定年龄。当代茶圣吴觉农先生主编的《茶经述评》，在"茶之源"一章，写了这里的茶树王。中国茶史由于对这棵茶王树的年龄界定，之后才有了对 1 700 年历史的巴达古茶树、2 700 年的镇远古茶树的论断。

南糯山的茶王树开创了一个新纪元。

老茶王树在上世纪九十年代已经死去，新茶王树又挺拔傲立。一棵倒下，另一棵屹立不倒，南糯山演绎着自然界的生生不息。我望着不远处新茶王树的茂枝繁叶，心怀虔诚。

聊天之间，一个转身，"车杰号"高荣仙连同她的客人，忽然不知去向。

去车杰家喝茶看来要落空，我有些失落。谁知峰回路转，却遇上了另一家叫"阿卡茶庐"的。喝一口南糯山的早春茶，竟也如此山重水复、柳暗花明。

阿卡茶庐与茶王树仅几步之遥。名为茶庐，其实只是个茶棚，树与树之间拉了块布幔作顶，周围搭几块竹帘为墙，树干上搁两块木板算是货架，茶桌倒是树根改制的，扎实，厚重。

茶庐主人是年轻的哈尼族姑娘张石花，自称"阿布"，一身自己缝绣的哈尼族服装色彩绚丽，夺人眼球。更因为她很甜的笑容，让游人到了那里不由自主地对她产生好感。

"喝什么茶？"她依然是满脸灿烂。

我说："今年的头采茶。"

"大树茶？古树茶？"

我说："你们这里现在不是统一叫大树茶了吗？"

她说："上面说是这么说，但到了下面，我们还是要分一下的。"

我大体知道这里的茶农一般把树龄 100 年以上、300 年以下的称"大树茶"，300 年以上就叫"古树茶"了。我笑道："当然喝古树茶。"

阿布会心一笑，泡了壶前天刚采的初春古树茶。淡淡的金黄色的茶汤明亮透彻，汤汁饱满，苦味较布朗山的茶稍弱，回甘较快，带有花香和蜜香，山野气韵持久，满口生津。那种滑爽、高雅，微甜的蜜香味，让我回味很久。几天勐海茶山行，一路喝茶不少，这一款口感是最好的之一。我不管带路的茶商高兴不高兴，当即解囊买茶。

我与张石花交了朋友，互加了微信。在她微信头像下，她写了一句话："我若不勇敢，谁替我坚强！"凭这话，我对这位南糯山姑娘刮目相看。

她还认识上海知青，在景洪，是上海黄浦区的。张石花讲着她和上海知青的故事，我却细细打量她身穿的哈尼族服装。她很得意地转动身子，让我细看服饰，举手投足有点像模特走台。衣服背面她自己手绣的大块纹饰色彩缤纷。我问她绣的是什么，有什么含意。

她说她绣的花纹曲曲弯弯，正是象征了哈尼族人走过的九十九座山，九十九条河，九十九条路。

我突然想起马原那幢屋子的名字："九路马堡"！

哦，九十九条路，曲折起伏、柳暗花明、峰回路转、绝处逢生、生生不息……这是南糯山哈尼族人的路，也是马原、茶王树、世间万物更生复新的路。

太子沟窑洞里的茶香

当年达摩祖师在少林寺后山洞打坐，一坐九年，不饮不食。某日困倦，他有片刻打盹，清醒后很是恼怒，连瞌睡这样的侵扰都抵御不了，何以普渡众生？达摩撕下眼皮，往地上一掷，继续禅坐。之后，扔下眼皮的地方长出一株清香枝叶，这就是茶树。达摩后来稍觉昏沉就摘叶嚼食，以茶清思。后来僧人学达摩祖师，从此，禅茶不分。

2019年初秋，我应邀在河南郑州讲茶。东道主兑兑带我去少林寺，我很想去看看这个传奇故事的发生地，究竟有着怎样神秘的气场。是不是真有茶树在那里生长？

因为一场突如其来的暴雨，我终究还是没能如愿去山上的达摩洞。

抱憾离开少林寺后，兑兑接我去附近一个叫太子沟的山村吃饭。进了一户农家，院子左边是一排平房，黑瓦，斑驳的墙体，推窗，很传统的旧屋。右边是茶室，长排落地玻璃窗，钢结构柱梁，翠竹环绕，风雅却现代。

院子的主人唐二伟准备了丰盛午餐，饺子、炒菜、米饭，饥肠辘辘的我得到极大的满足之后，细细打量茶室，一边宽大的玻璃窗外砌了堵墙，墙略高，露出一半天空，可看云彩、山影、绿树。高出玻璃的一段，嵌着几尊安详的佛像。兑兑说那佛像是仿制开封繁塔的。我坐在茶室喝茶，仰望天空，仰望佛像，觉得那佛像不是简单的点缀和装饰，而是让茶有了禅的意味。在少林寺没有见到的禅茶，此刻在这个山沟里的农家院落相遇，我心中一阵欣喜。

让我欣喜的还不止于此。

茶歇时，兑兑和唐二伟带我在院子里转悠。左侧一排平房是茶库。唐二伟个人储茶 6 吨，大多是"厚沃"生产的各种普洱，他说好茶值得储存。满屋茶香和中原大地辽阔的气息和合在一起，让我又一次深深呼吸。唐二伟储茶颇有心得。"相比你们上海，我们这里不潮湿，是名副其实的干仓。"他开玩笑说，"上海有黄梅天。这里没有。听说楼老师也藏茶，不方便的话可以存储到我这里来。"我哈哈大笑，说我有对付黄梅天的办法。

沿平房向前，在院子的尽头，唐二伟带我走进一个门洞。我惊喜地叫起来："窑洞！"

唐二伟笑了，说这窑洞有两百多年历史了，是他祖辈留传给他的。那窑洞不算太大，但高爽、整洁、坚固，有一种悠远的感觉。我在陕北等地访问过一些窑洞，那些窑洞也许堆放的物件多，显得较局促、零乱，没有一种想留下来的感觉。而这里让我喜欢。拱形的窑顶、斑驳的四壁、墙洞内的油灯让我体味一种岁月的沧桑，而精心设计制作的明式茶桌、座椅也是我所喜爱，更让我留恋的是窑洞内弥久不散的茶香……所有与茶相关的器物我一一欣赏、拿捏、把玩，一把泥壶、一件瓷盏，乃至写着"厚沃"商标的茶叶罐……

　　我与兑兑、唐二伟在茶桌前把盏言欢。如果说，我之前去过的窑洞有点访贫问苦的意味，那么，在唐二伟这里，则完全是一种幸福的享受。

　　唐二伟说，来这里的人不少，佛教界、演艺界的名人经常有光顾，他们也喜欢在这里喝茶。他打开手机让我看一张张照片。我虽孤陋寡闻，但有几张面孔倒是在电视荧屏上经常出现的。这荒僻的窑洞内外还拍过多部与少林寺相关的影视剧。

　　我恭维说："有道是酒香不怕巷子深，你这里是茶香不怕山沟远。"

　　唐二伟说："那是兑兑的茶好。"

　　兑兑在一边不无得意。

　　临别，唐二伟以建窑大茶盏相赠，说："这茶盏少林寺住持大和尚有一个，今天你也有一个了。"

我手握茶盏，沉思良久。住持大和尚也有一个？那分明是告诉我：茶禅不分家，少林寺茶香依然。古时，自达摩起，禅茶即为少林常物，有"无一日离之"之说。现在世人似乎只知少林功夫，其实，没有面壁反省以茶清思，哪有威风八面？少林禅茶并未被武林功夫所掩盖。

　　果然，离开河南几天之后，我就在兑兑的微信朋友圈看到少林寺举办"茶借禅生香，禅依茶生道"的茶事活动，那袅袅飘升的茶烟依然在千年古寺缭绕……

成秋元和东莞茶仓

茶友海锋请我去东莞看茶，我有点不以为然："东莞有什么茶可看?"海锋说："你去了就知道了。"

我在互联网上百度，始建于清道光年间的东莞可园是岭南园林的代表，与清晖园、余荫山房、梁园合称清代"岭南四大园林"。东莞又在深圳附近。我去东莞游名园、看古建筑、享受美食，顺便感受深圳这些年来的变化，也很难得，就答应了邀请。

来深圳机场接我们的是黑茶收藏家成秋元。我们一到秋元的店铺，喝的第一款茶就是上世纪七十年代梧州茶厂的茯砖。我喝着茶，目光向四周打量。货架上堆满了不同年份不同产地不同品牌的老茶。我说："不得了。这么多?"海锋轻声笑道：

"才冰山一角呢！"

我说："是吗？秋元藏有多少茶？"

他伸出一个巴掌，向我晃了晃。

"50吨？"我问。

"500吨。"他说。

我傻眼了。我交往过几个藏家。十多年前跟随书法家张森在杨浦区一个叫吴岩的援滇干部那里，看到藏有四吨普洱茶，我就觉得乖乖隆地咚了。

秋元的茶仓就在附近，我说："我要去看看。"藏有500吨黑茶的库房究竟是怎样的宏伟气势？这种迫切和好奇，已让我忘记本来想看的可园等名胜。

那是幢四层的大楼，秋元的茶仓在三层和四层，1 800平方米。我们乘着货运电梯缓缓升至四层，电梯门开后，还有一个上锁的铁皮卷帘门。秋元用钥匙打开，整个楼层的茶香就像冲击波一样袭来，那种感觉就像长年在小河浜玩耍的孩童突然来到浩瀚的海洋，直接面对汹涌而来的浪涛。那一刻，我面对的是茶的浪涛。

成秋元1971年出生于湖南娄底，那是曾国藩的故乡。大学毕业后，到广东打工，后来在广东文一集团当董事长助理。2008年，文一集团想在东莞道滘建设一个华南茶叶交易中心。董事长就让秋元负责这个项目。茶叶交易中心建成后，秋元任总经理。2011年，华南茶叶交易中心在他的运作和管理下，风生水起，秋元对董事长说，他想辞职下海自己办公司进入茶叶行业。他之所以这样选择，也许是与他年轻时热爱文学有关。他写过诗、散文、小说。自古文人都爱茶，秋元亦然。

董事长同意了他的要求，给了他一千万元启动资金，让他去茶界闯荡。秋元一开始把目光投向普洱茶。他投身于勐海、普洱、临沧等茶产地，与各种普洱茶人交往。经过一年的折腾，没有亏本，也没盈利，他把一千万资产还给董事长，却从中得到经验教训。做普洱茶的商家太多，竞争太激烈，水太深，想要从中脱颖而出，太难。他深思熟虑后，决定把精力放在做陈年藏茶上。

他现在引领我们参观的就是他储存的陈年藏茶。从六十年代到九十年代的，远远望去黑压压一片，生产单位有我知道的四川雅安茶厂，广西梧州茶厂，湖南安化和益阳的茶厂，湖北赵李桥的茶厂，也有我不怎么知道的厂家。不同品种、品牌的藏茶的多样让我眼花缭乱，尤其是牛皮包装的康砖和金尖，让我叹为观止。

这种牛皮包装的康砖，十多年前，我在上海大宁茶城也见识过，老板王三德是个台湾茶商，拆开牛皮后有几条竹篓，竹篓里是纸包的康砖，每包一斤。王三德说是从西藏喇嘛庙收来的，是五六十年前的老茶。我被诱惑，想尝尝这老藏茶的滋味，又觉得表面看脏兮兮的，未敢多买，买了一条竹篓。价钱不贵，一包茶才50元，一条竹篓六七包茶，才300多元。买回家冲泡着喝，卖相与江南碧螺春的嫩芽细叶无法相比，老叶、茶梗、茶果都在其内。沸水洗了三次，冲泡后茶汤倒是金亮，喝一口，滋味当然没有碧螺春那般新鲜清爽，但也好喝，除了老茶特有的醇厚之外，还有些甜香。有茶友告诉我这种甜味来自茶梗。如果说，碧螺春采撷是茶树的豆冠少年，那么康砖和金尖的用料却是从嫩叶到老梗，几乎是茶的一生。

在秋元茶仓又见牛皮包的康砖和金尖，似有故友重逢的感觉，只是王三德店堂里那区区几包，与秋元的储藏相比，是小巫见大巫了。秋元的这些茶大多也来自藏区喇嘛庙。好几个牛皮包上还写着天书般的符号，那是喇嘛们祈福的文字。

秋元告诉我，这 500 吨茶，他全部经手验看过。这是因为有一年他从藏区购了一批茶，对方说是八十年代的。有客户后来要从秋元那里买这批茶，拆开后却告诉是九十年代的，向秋元倒赔账。秋元去验看，双方相约拆十包，看八十年代和九十年代的各有多少，然后按比例对整批茶重新计价。成秋元拆了九包，果然是九十年代的。对方问："第十包还拆不拆?"秋元一挥手："不拆了，全部按九十年代的计价。"

这件事让他觉得，藏区送来的茶有时往往不同年份的都混放在一起。要知道每一款茶具体是哪一年生产的、哪个厂家的产品，必须自己一一验看。这样的一遍验证分类，足足花了他三年多的时间。也正是这样的亲力亲为，让他现在成为业内公认的藏茶专家，"国内藏茶第一人"。

秋元给我看两张茶票，几乎一模一样，都是民族团结品牌，细看上面一张右下角有"荥经茶厂"四个字，那是九十年代的，下面一张是八十年代的茶票，右下角只有一个"荥"字。后者的价格是前者的一倍以上。

像老鼠落在米缸里，我在秋元茶仓流连了许多时间，说实话也是我一个难得的学习机会。离开的时候已是黄昏，海锋因为第二天要去深圳参加一个高端论坛，秋元问我有什么打算。秋元太多的故事让我欲罢不能，我说："上午继续听你讲东莞茶仓的传奇和你的经历。午后稍作休息，去看可园。"

第二天来酒店接我们的是成秋元的夫人小杨。小杨说："秋元在茶铺等你们，有一个澳门过来的朋友也在。"我说："好好，我的茶友像滚雪球一样，越来越多。"

车在东莞大道上行驶，两侧掠过的城市景观，让我深切感受到东莞从一个小渔村到岭南大城市的沧海巨变。

小杨很热爱东莞这个城市。原因之一是东莞爱茶的人太多。她告诉我，不包括茶叶经营者，仅仅因为喜欢茶的个人收藏，2018年茶界机构统计，超过亿元的就有31人。至于如陈升号、七彩云南等在东莞建茶仓的茶企茶商更是不计其数。小杨的这些信息，我在与秋元的对话中得到了证实。秋元很有说服力地从气候条件、地理位置、文化背景等方面，向我阐述东莞占尽天时地利人和，理所当然地成为国内最大的茶仓。

"东莞在广州和深圳两个大城市中间，气候条件相同，土地和物业管理的成本却远低于广州和深圳。"秋元告诉我,东莞农民很富,有些村庄靠土地出租赢得财富,把其中的 30％直接分给农民。每家每户都可以分得 20 多万元。东莞人在广州和深圳两个大哥面前认为自己是小弟,是农民,搞不了先进的科技,开个夫妻老婆店之类的小商铺,做些小本买卖又不在他们眼里,老百姓有钱就投在茶叶储存上。一方面,他们自己喜欢喝茶,认为茶是看得见摸得着的东西。另一方面老茶的不断升值,使他们觉得可以以茶养茶。在东莞,家里不藏个几十吨、一百吨老茶,是羞于开口说自己是喜欢茶的。

秋元为我们泡了一款上世纪六十年代中国茶叶土特产公司四川分公司的"火车头"民族团结牌茯砖。

这样的茯砖,秋元原先有 6 块,因为滋味的醇厚滑爽,一个朋友以 10 万元的价格请秋元惠让了其中 3 块。后来又有朋友也要,秋元留下一块自己喝。朋友买了两块,物以稀为贵,两块的价格也是 10 万元。前不久,又有朋友愿意用 10 万元买秋元手中仅有的一块。秋元舍不得,他说他自己也要喝啊,但又经不住朋友纠缠,以 5 万元的价格卖给他半块。

我们喝的就是秋元留着的半块。难得的口福。与我们共享此茶的就是从澳门专来找秋元买茶的年轻人小袁。小袁看中秋元八十年代包装有点破相的藏茶碎块,他说反正自己喝,外面难看些没关系。小袁买了也不拿走,他说:"家里喝的茶有,放在秋元这里,一不占我地方,二他的储存条件好。"我问:"那你为什么这么急把钱付掉呢?"他说:"到时候秋元越卖越少,价格就越来越贵,就像我们现在喝的'火车头'茯砖一样。"

老人迟钝,这时我才恍然明白小衷为什么这么做。

下午,稍微休息之后,终于有时间去可园游览,带路党仍然是小杨。看可园与看江南园林,我有不一样的感觉。可园占地面积仅2 200平方米,却设计精巧,亭台楼阁、山水桥榭、厅堂轩院一应俱全。园林布局高低错落,曲折回环,疏密有致,堪称岭南园林之珍品,2001年6月25日被列为第五批全国重点文物保护单位。

我们在擘红小榭、草草草堂、听秋居、双清室、博溪渔隐、可堂等区域流连,她的秀美和厚重的文化底蕴让我连连赞叹,深感此行不虚。可园多种造园手法,魅力独具。我用心一一细细观摩,这时候手机响了,是小杨打来的,说秋元昨天听我说了还想看看别人家的茶仓,他已联系上了七彩云南。七彩云南非常欢迎我去参观。

我与殷慧芬商量后,决定告别可园,虽然依依不舍。可园,其园名本含可以、可人和无可无不可之意。暂时告别,留点遗憾,下回再来,也无不可。

东莞大道依然是车水马龙。小杨开着车向我们介绍七彩云南在这里的茶仓,2 300平方米,可储存1 500吨普洱茶。在东莞,建一定规模茶仓的有本地企业和个人,有云南的普洱茶名企,也有来自香港台湾的茶商。

车窗外，一幢幢大楼掠过，我不由寻思，在这每幢大楼的背后究竟隐藏着多少茶仓？一辆辆轿车、公交车与我们交会而过，我又想，这车上说不定某个人家里就存茶几十吨、上百吨呢。我曾听说过在江南有"天下粮仓"，此刻，在东莞的所见所闻，让我想到"天下茶仓"这个词。东莞能不能称"天下茶仓"？

未了普洱情

十多年前，我迷上云南普洱茶。恰恰也是在那个年份，我开始写茶。较早写的几篇几乎都与普洱茶有关。看官也许会问："喝了几十年的绿茶，引不起你写作冲动，这普洱茶你怎么一上口就文思涌动呢？"

我说不清。现在想来，大约是因为普洱茶内容丰富，而历代江南文人为之留下的文字又偏偏太少的缘故吧。

迷上普洱茶不久，有一天我去书法家张森府上，见他家书架上放了不少普洱茶，茶几上是各式茶具。喝咖啡的张森什么时候改喝普洱茶了？我有点意外。

后来我知道张森不久前应邀参加云南省思茅市更名普洱市的庆典活动，之后就缘结普洱茶。

张森一款接一款地让我们品尝，一边问：味道怎么样？喉咙口滑不滑？茶气足不足？回味是不是有点甜？一个下午，不同年份不同品种的普洱茶喝了好几种，香醇久留喉唇之间。临别，他送每人一生一熟两个茶饼和一张他自己刻录的介绍普洱茶的碟片，俨然一个普洱茶文化的传播者。

我过去多喝绿茶，殷慧芬喜欢乌龙茶，之后就像受了张森感染，对普洱茶欲罢不能。

通过张森，我结识了何作如、吴岩等普洱茶藏家。凡张森有茶约，他一叫，我就驱车前往。

记忆犹深的一次是在吴岩的私人茶室。

吴岩是上海某区的一位干部。援滇三年，他在帮助当地发展经济的同时，踏茶山，访茶农，足迹遍布朗、班章、易武等大山古寨，悉心研究源远流长的普洱茶文化，颇有心得，自成一家。

吴岩的私人茶室，在市北一个普通的居民小区，两室一厅，毛坯房，水泥地，白墙，没有任何装潢。吴岩说，茶有灵性，现在的装潢材料不一定都环保，涂料、油漆，这些气味对茶无益。

吴岩藏有四吨普洱茶，其中不乏稀贵老茶。一一参观后，他拿出几款年代久远的老茶请我们品尝。那种饱满、醇酽、丰富的层次感，让我们一直饮至凌晨一点，大有茶逢知己千杯少之感。

我有茶约也叫张森。有次与张森在奉贤海湾国家森林公园

"骑尉府"吃茶。坐下后,见一旁橱窗内有老茶饼,颇具身价,张森指着其中一块问:"什么价钱进的?"主人小蒋说:"八万九。"张森说:"便宜了。"这块茶饼就是人们常说的"大红印"。据介绍,是一个叫范和钧的茶人1940年创办佛海茶厂时始制的贡茶,几十年来笑傲群雄,其身世充满神奇。

小蒋请我们喝中茶公司1980年代标号为8582的普洱饼茶,厚纸,是勐海茶厂专为香港茶商定制的,一饼时值人民币两万多元。张森说,"好茶只有喝掉,才体现其价值。"小蒋也慷慨,当即开了那饼茶,还说:"那块'大红印',我什么时候开,请大家再来。"

席间,她向张森咨询,一位马来西亚朋友有"敬昌号"七子茶饼一提,愿以百万价格转让,是否物有所值?张森终于也有不熟悉的普洱茶,忙向普洱市的茶友讨教。那朋友在电话那头说,敬昌号的茶有大票小票之分,此外还要看品相。

红印绿印黄印,厚纸薄纸,大票小票,普洱茶名堂繁多。

这些年里,由于各种原因,我喝过"宋聘""陈云"等"号级茶",也喝过"大红印""无纸红印""小字绿印圆茶""小黄印"等印级茶。那种美妙记忆,至今难忘。

相比人工渥堆发酵的熟普,我更喜欢生普。生普有山野的味道,酣畅奔放。

有一年8月,我在莫斯科某商场看见一块"小黄印"普洱茶饼，折合人民币才两千多元。我拿不准真假，上了旅游大巴请教张森。张森激动，与我又跳下大巴，奔向商场，"如果真的，你快买下来。你这次旅游费用就赚回来了。"

我也激动，究竟是真是假呢？到了商场，张森摸了下包装纸，又摸摸茶饼，笑了，"假的。这纸虽然做旧了，但真品的包装纸更厚一些。真的'小黄印'是上世纪七十年代生产的，茶饼也应该更松一些。这块太硬了。"

张森到底见识普洱茶多。

"号级茶""印级茶"难觅，而且真的见到了，那古董级的老茶也不是我一个拿退休金的老人所能消费的。于是我把近些年生产的品质生茶作为猎取目标。我想，生普若妥善储存，许多年后也会有老茶的滋味。

生普的日益完美，需要岁月的储熬，需要在大自然的呼吸中转化。我期待用时间换取价值。

我寻寻觅觅，班章、易武、布朗、南糯、勐库、冰岛、邦威、景迈、攸乐、曼砖……这些稀奇古怪的山头、村寨的名字，中茶、勐海、凤庆、下关、兴海、陈升、李记谷庄等茶厂、茶号，逐渐为我所熟悉。

那几年，喜欢普洱茶的渐多，在茶城，我会遇到各式奇人。

一次，有一位年龄与我相仿者拎了一提普洱七子茶饼。我见他体型肥硕，笑问："都说喝普洱茶可解油腻、瘦身，你怎么还那么胖？"那人笑道，他退休前是工厂锅炉工，原本还要胖，现在身重已减了十来斤，"要命的是我老婆，本来就瘦小，跟我喝普洱茶，现在更瘦小，有时她在家里，我一眼望去，连人在哪里都找不到。"众人听罢哄笑。

锅炉工的话虽有夸张，但普洱茶解油腻的功能却不言而喻。这也许也是清代帝皇将相、王公贵族们下了马背进了宫廷，见了普洱茶如获至宝的缘由之一。

还有一回，我在茶城品茶，铺主说所饮之茶是"老班章"。同饮者中有一男子，喝了几口，轻轻掀开盖碗，从中拣出两三片叶来，说："这几片是老班章，其余都是别的山头的。这茶是拼配的。"

我对其略一打量，年龄才三十开外，能从叶底的颜色形状辨出哪一山头的茶，似乎有点神奇玄妙。接着他又介绍"老班章"的特点，头头是道，还说二楼有一家云南小茶铺，专卖勐海地区兴海茶厂的茶，兴海茶厂新款"风雅颂"中的"颂"便是"老班章"。

这家门面不大、名为"欣海音"的小茶铺，后来是我较多光顾的店家之一。我在《妹子偏爱老班章》《茶为媒》两篇文章中都写到过这家茶铺。

茶铺主人是云南姑娘小杨和上海知青后代小张，我与他俩相识时他们还在恋爱。有时与他们一见面，我便用"茶语"开玩笑："你们什么时候'生饼'变'熟饼'啊？""你们'拼配'时候一定要请我吃喜糖噢！"那两年轻人倒也落落大方，说：

"何止是吃喜糖，还要请你喝喜酒呢！不过'生饼'变'熟饼'不能急，就像这茶，自然转化的好，人工快速'渥堆'的，你不喜欢。"旁人听着我们的对话，一阵大笑，很开心。

不久，年轻人来电话说他们真要"拼配"了，请我和殷慧芬去吃喜酒。那场没有婚庆公司策划参与，甚至连司仪、证婚人都没安排的婚宴朴实得让我觉得回到了几十年前，很难忘。云南姑娘和上海知青后代白手起家、创业期间的节俭也由此可见。

我收藏的孔雀之乡"老班章""班章老树"等生普，大多由张建丽的兴海茶厂生产，购自"欣海音"。除了这家小店的"老班章"有我喜欢的霸气、雄浑、刚健之外，我另一个小秘密就是想通过买茶和写文章推介，对小杨、小张这样的年轻人创业有一点点绵薄的帮助。

除了老班章之外，别家的好茶我喝过之后觉得好，也会解囊购之。比如易武、冰岛、南糯、攸乐、布朗、邦威、景迈、景谷、那卡、曼峨等。兴海茶厂的"风雅颂"，景谷县李记谷庄2007年的"公爵"等级的限量版、每饼1 000克的无量山大树饼茶，让我爱不释手。

2013年，在张森家，我见他书房堆有邦威的七子茶饼，再次心动，请他惠让一件。至今我仍感谢他的转让。

之后，我就较少关注普洱茶。普洱茶走俏后，炒作的、做假的开始多了，水变得有点深。

普洱茶水深，我不谙"水性"，不想贸然涉"水"。

我也曾有过几次去云南茶山看个究竟的念头，于是查路程查航班，去一次勐海、易武、临沧，到了昆明还得换乘，心想自己毕竟年逾七旬，怕折腾，临时又打退堂鼓。2017年6月，我与临沧茶友王自荣先生已约定去那里，后来有事又未去成。

　　2018年底，茶学博士沈冬梅来嘉定，茶叙时我坦言心思。冬梅博士笑着鼓励我："你应该去看看，然后你认为该怎么写就怎么写。"我再次心动。是啊，年纪渐老，体力也日益趋弱，再不抓紧走，以后也许更困难。

　　2019年，正值普洱古树茶开采季节，有茶友约我前往西双版纳看茶，我一口应允。

　　3月20日，一早从上海出发，经昆明转机至景洪，到达目的地勐海时，天已漆黑。上午出门子夜到，前后用了十多个小时，比出一次国还累。过边境检查站时，有值勤的问："干什么的？"我说："买茶的。"当地朋友大笑："你这样回答，他们最高兴，你这是'精准扶贫'来了。"

　　之后的一个多星期，我先后上了勐宋、那卡、布朗、班章老寨、贺开、南糯山半坡老寨……原本天真地以为也许会有时间可以去易武、临沧，谁知云南普洱茶山那么多、那么大，面那么广，当地朋友说光看一个布朗山，一个星期也不一定能转过来。十来天的时间，你想寻遍转够勐海、易武、临沧，完全不可能。我只得向临沧的朋友再次打招呼，冰岛古茶树来不及看了。至于易武的茶马古道、薄荷塘、刮风寨，以及许多老字号茶庄也必须得专门安排一次。

3月28日，我出席周重林茶业复兴沙龙专门安排的活动，与昆明读者分享《寻茶记》书写历程。我感慨："如果说江南的茶园是山，那么云南的茶园则是海。一次两次，十天二十天肯定走不过来。"

与会的众多茶友希望我再多在云南待几天。我却因诸多原因无法再逗留。我说，我一定会再来，也一定会把这次在云南茶山的所见所闻用文字表达出来，让更多喜欢普洱茶的朋友了解和分享。

回上海后，我先后写了《班章老寨见闻》《做茶像在酿美酒》《深山老林那卡缘》《老树新枝贺开山》《南糯山，九十九条路生生不息》等五篇文章，在上海《解放日报》《新民晚报》、全国发行量最大的茶文化杂志《茶道》以及本人的自媒体公众号"涵芬楼文稿"发表，获得爱茶人广泛好评。

但是从心底里说，这些文字只是普洱茶海中的几片树叶、几滴露水，太微不足道了。

那篇《做茶像在酿美酒》，写的是我在勐海采访厚沃云海茶厂。厚沃，让我改变了对普洱熟茶的偏见。

先前的不少熟普在选料上并不讲究，而现在喜欢喝普洱茶的不乏名人，大咖、富翁，他们不愿意花十几、二十年的时间去等待高品质的生普自然陈化，这就对熟普提出了新的要求，从原料到工艺，包括生产环境。厚沃生产的熟普香醇滑爽，无生涩之味，也无"屋宿气"，正是迎合了这部分人的需求。

2019 年的勐海之行，厚沃云海茶厂的车间正在进行标准化的改造，他们的熟普生产工艺我无法细究。回到上海后，我每每喝着他们的熟普，总有一种想追根究底的愿望。8 月，我去河南郑州厚沃茶铺讲茶，与厚沃掌门人兑兑交流，兑兑说："欢迎你再去勐海看看啊！"他还说，他可以带我去访问"班章王"的东家、老班章村 62 号的老村长，甚至我想去看看耄耋老年还攀在古茶树上采茶的"那卡奶奶"，他都可以当向导。我被他说得心里痒痒的，恨不能立马就去。

十多年前，我在上海买的许多生普，现在已转化得非常好喝，勐海的、冰岛的、凤庆的、昔归的、易武的、倚邦的……我一一品味，其中的美妙和不同滋味，常常让我欲罢不能。我太想去看看。那绵延的大山、神秘的热带雨林、浩瀚无边的由高大茶树构成的绿色大海在诱惑我，召唤我。

中国茶，因为云南普洱而更辽阔。

云南的茶友说："茶文化大盛于江南，至今依旧是第一话语发生地。""普洱茶总有高光时刻。"

陆羽时代，云南普洱还不属于唐朝的疆土，他在《茶经》中只字未提及普洱茶。去云南追寻茶味万千，勘察茶园万里，我比一千多年前的陆羽幸运。苦行普洱茶山，我把这看作是一种修行。

未了普洱情。我还会整装出发。

后 记

　　这本《寻茶续记》我写了两年多。之前写的《寻茶记》，2018 年在上海书展首发后，不满一周就下单加印，至今已印刷四次。《寻茶记》出版后，我在上海、南京、苏州、徐州、福州、福鼎、武夷山、郑州、临沂、昆明等城市为读者签售，并演讲。在社区、乡村、博物馆、图书馆，IT 行业、金融界、茶界……与读者的每一次对话，受欢迎的程度让我意外。

　　之所以受欢迎，我想主要因为中国是茶的故乡，当今喜欢茶的人越来越多，还有就是文人写茶，写的是一个当代作家寻山问水所看到、感悟到的茶。

　　自古文人都爱茶。文人与茶，有一种天生的缘分。陆羽、元稹、卢仝、白居易、苏东坡、黄庭坚、蔡襄、徐渭、张岱都好茶成癖，留下写茶的精彩诗文。近现代也不乏喜欢茶的文人，胡适在他日记中，多处都提到了茶。周作人把自己的书斋取名"苦茶庵"。阳羡茶、龙井茶、碧螺春、武夷岩茶……的出名，莫不与文人相关。

文人看茶，不同于科学家、经济学家、政要官员，也不同于茶农、茶商，不去注重什么茶多酚、氨基酸等让人费解的名词，也不在乎怎么能多卖茶、多赚钱。更不会因为茶叶，发动一场战争。

文人眼中的茶，没有功利，只是在与茶交往的过程中寻求一种心中的喜欢、愉悦。翻山越岭，在茶园里看一看，摸一摸，激动的时候还会把鼻子凑得很近，闻一闻这草木的清香。在享受这种身心快乐的同时，脑子里会涌上某些相关的历史钩沉和文化信息。之后，把自己的感觉，写下来，与大家分享。

比如关于《红楼梦》中贾母要喝的"老君眉"究竟是什么茶，产自哪里，当代文人对她的关注度似乎较多一些。为了寻找答案，我也曾多年苦苦寻觅。当终于在武夷山找到答案时，那种欣喜难以自抑。伦敦的茶友告诉我，一百多年前英国植物学家罗伯特·福琼的中国茶乡的游记中有武夷山茶农挑的箩筐上有"君眉"字样的插图，那一天、我居然兴奋得一夜没好好睡。

中国茶的丰富，远不是一本《寻茶记》所能包括的。于是就触发我再走茶路，翻山越岭，乐此不疲，继续写我寻茶路上所见所闻所感受。

我的寻茶，如果说在写《寻茶记》的时候有一个从无意到有意的过程，那么为写这本《寻茶续记》的再度出发，就完全是有意为之。我的主观目的性更明确，心情也更迫切。我清醒地知道自己已不再年轻，未来有太多的不可预测，趁身心还健，我必须抓紧走，抓紧写。

两年多的时间里，我到过江苏、浙江、安徽、福建、广东、陕西、云南等地的茶区。武夷山、福鼎等地，我更是一去再去。攀登险峻山岭，穿越原始森林，行走荒凉古道，与茶农一起做茶，彻夜推心置腹交流，迷过路，摔过跤，受过伤，苦过累过，却乐此不疲。

我在这本书中写的人物有不少是《寻茶记》中写到过的老朋友，比如叶芳养、徐良松、陈盛峰等。两年多的时间里，他们对做好茶的孜孜追求依然让我感动。

这本书中的更多茶人是我第一次写。其中有武夷岩茶名丛培育专家、高级农艺师罗盛财，国家级非物质文化遗产传承人王顺明、游玉琼，连续20多年获得欧盟有机茶认证的"新安源"品牌创始人方国强，以及王兑、王有泉、竹窠赵氏兄弟、天心应家、刘达友、沈添星、成秋元等茶界精英。衷心感谢他们在百忙之中抽出时间接待我，并接受采访。

如果说前些年，我的寻茶之路有时还显孤单，那么这两年，各地茶友满腔热情的支持和帮助则颇让我感动。得知我的行走计划后，他们主动向我推荐值得写的茶和茶乡、茶人，有的甚至陪我一起攀越山岩。正是像茅丹、汪征、刘荣翔、林文治、赵勇、徐谦、郝小莹、冯少迅、邓凡华、汪顺富、戚海峰、吴维泉等诸多朋友的引荐，使我的寻访过程顺利并收获累累。借此机会，我向这些"带路党"表示感谢。

2020 的庚子年，突如其来的新冠肺炎疫情让我的四海行游计划受到制约，本想去的许多茶乡，我都未能按计划成行。

茶路无尽。疫情终将会过去，只要能走，我的步履不会停止，书写也会继续。

上海人民出版社为《寻茶记》的出版发行付出了很多努力，编辑对这本《寻茶续记》的写作一直很关注，在此致以诚挚谢意。

2020 年 12 月 18 日

图书在版编目(CIP)数据

寻茶续记/楼耀福著.—上海：上海人民出版社，
2021
ISBN 978 - 7 - 208 - 17001 - 8

Ⅰ.①寻…　Ⅱ.①楼…　Ⅲ.①茶文化-中国-文集
Ⅳ.①TS971.21 - 53

中国版本图书馆 CIP 数据核字(2021)第 045593 号

责任编辑　陈佳妮　舒光浩
封面设计　胡　斌　刘健敏

寻茶续记
楼耀福　著

出　　版　上海人民出版社
　　　　　　(200001　上海福建中路 193 号)
发　　行　上海人民出版社发行中心
印　　刷　常熟市新骅印刷有限公司
开　　本　635×965　1/16
印　　张　19
插　　页　8
字　　数　178,000
版　　次　2021 年 5 月第 1 版
印　　次　2021 年 5 月第 1 次印刷
ISBN 978 - 7 - 208 - 17001 - 8/G·2067
定　　价　68.00 元